________________________ 드림

요리가 간편해지는

만능 육수 레시피

요리가 간편해지는

만능육수 레시피

초판 1쇄 발행 2015년 3월 25일
초판 2쇄 발행 2015년 7월 23일

지은이 윤희숙

발행인 장상진
발행처 경향미디어
등록번호 제313-2002-477호
등록일자 2002년 1월 31일

주소 서울시 영등포구 양평동 2가 37-1번지 동아프라임밸리 507-508호
전화 1644-5613 | **팩스** 02) 304-5613

ⓒ 윤희숙

ISBN 978-89-6518-129-3 14590
　　　978-89-6518-130-9(SET)

요리가 간편해지는

만능육수 레시피

윤희숙 지음

경향미디어

평범하지만 소중하고 고급스러운 맛!
간단하고 손쉬운 집밥 레시피를 소개합니다

종갓집에서 태어나 어린 시절부터 자연스럽게 요리하는 모습을 보고 자랐습니다. 요리를 따라 하고 맛을 보는 것이 놀이였을 정도로 요리는 제게 밀접했지요. 결혼을 하고 보니 시어머니께서도 종갓집 딸로서 주변에서 손맛 좋기로 유명하신 분이었습니다.

요즘은 매스컴에서도 블로그에서도 요리를 빼면 무의미할 정도로 음식과 요리 이야기가 많은 비중을 차지하고 있습니다. 그만큼 먹는 것에 대한 관심이 많기 때문이지요.

요리는 누구나 다 하지만 맛은 제각각입니다. 가장 중요한 것은 요리하는 사람의 마음입니다. 재료를 손질하면서부터 음식을 먹을 사람을 생각하며 맵게 먹는지 싱겁게 먹는지 염두에 두고 신경을 쓰는 게 바로 조리과정입니다.

요리를 만들면서 음식을 먹을 사람이 기뻐할 생각에 즐거워하듯이 책을 펼쳐 볼 독자 여러분 생각에 벌써부터 가슴이 설렙니다.

이 책이 나오기까지 흔쾌히 도와주신 김용순 선생님께 감사의 말씀을 전합니다.

윤희숙

contents
차례

재료(대용량)

양지머리 600g, 바지락 400g, 양파 2개, 대파 2대, 홍고추 3개, 굴소스 1큰술, 다시마 사방 15cm 1장, 물 15컵

만들기

1 양지머리를 찬물에서부터 넣어 중간 불에서 삶듯이 끓이면서 거품을 걷어 내고 양파, 대파, 홍고추를 넣고 3~5분 정도 데치듯이 끓인다.

2 바지락을 넣어 파르르 끓으면 대파 잎이 누렇게 변하기 전에 내용물을 모두 건져 내고 다시마와 굴소스를 넣고 불을 끈다. 육수는 나중에 다시 내용물과 함께 끓이므로 내용물을 넣은 상태로 너무 오래 끓이지 않는다. 오래 끓이면 여러 번 데운 맛이 난다.

3 식은 뒤에 필요한 양만큼 나누어서 보관한다.

· 양지머리는 중간에 칼집을 넣고 찬물에 담가 핏물을 뺀다.

· 바지락은 오래 끓이면 내장에서 떫은맛이 우러나오므로 물이 끓은 후에 바지락을 넣어 국물이 뽀얗게 우러나오면 바지락은 체에 거르고 국물만 사용한다.

· 양파는 듬성듬성 잘라 약한 불에서 석쇠로 구워 사용한다.

· 대파는 탕을 오래 끓일 경우에는 점액질 부분에 들어 있는 황 성분이 녹아나 텁텁해지거나 잡맛을 낼 수 있으므로 타기 직전까지 구워 사용한다.

해물육수 만들기

재료(대용량)

국물용 멸치 20마리, 디포리(밴댕이) 20마리, 마른 새우 20마리, 마른 홍합 10마리, 북어 작은 것 1마리, 대파 파란 부분 2대, 다시마 사방 15cm 1장, 말린 고추씨 1/2컵, 보리쌀 1/2컵, 식초 1작은술

만들기

1 다시마를 제외한 모든 재료를 넣고 끓기 시작하면 중간 불에서 15분 정도 뚜껑을 열고 끓인다.
2 마지막에 다시마를 넣고 불을 끈 다음 뚜껑을 열고 식힌다.
3 식으면 용기에 담아 필요한 만큼 덜어서 사용한다.

- 멸치는 배가 터지지 않고 껍질이 그대로 붙어 있으면서 자연스럽게 구부러진 것을 고른다. 배가 터졌거나 껍질이 벗겨졌거나 죽은 상태에서 멸치가 된 것은 구수한 맛보다 비린내가 더 많이 난다.
- 디포리는 멸치와 고르는 방법이 같다.
- 새우는 머리가 떨어졌거나 다리가 없고 푸석한 경우는 죽은 새우를 말린 것이다.
- 홍합은 암수가 또렷이 달라서 색깔로 구분되는데 색이 맑고 선명한 것으로 고른다. 신선하지 않은 홍합은 살이 터지거나 무른 상태에서 말린 것이다.
- 다시마는 두껍지도 얇지도 않으면서 표면에 이물질이 붙어 있지 않으면서 하얀 분이 많이 핀 것을 고른다.

재료 밑손질하기

- 멸치와 디포리는 기름기 없이 마른 팬에서 볶는다. 처음엔 비린내가 많이 나지만 거의 볶일 무렵에는 후라이팬 긁히는 소리와 함께 구수한 향기가 난다. 내장과 머리는 지용성 비타민 등이 풍부하게 들어 있으므로 빼내지 않는다. 멸치와 디포리 등 내장이 있는 해물은 내장에서 우러나오는 비타민이 육수를 시원하고 감칠맛 나게 하거나 오래 끓이면 쓴맛과 떫은맛이 우러나온다.
- 홍합과 새우는 약한 불에서 볶아 사용한다.
- 대파는 석쇠에 노릇하게 구워서 사용한다. 황 성분이 육수에 녹으면 누린내와 텁텁한 맛이 나므로 구워서 사용하는 것이 좋다. 생으로 사용할 경우라면 나머지 재료가 다 끓은 후에 넣었다가 꺼내야 개운한 맛을 낼 수 있다.
- 북어는 손질했다가 불려 사용한다.

채소 육수 만들기

재료(대용량)

마른 시래기 200g, 미역 20g, 콩나물 200g, 무 200g, 표고버섯 30g, 청피망 3개, 흰콩 1/3컵

만들기

1 시래기는 미지근한 물에 2~3회 담갔다가 물이 끓기 시작하면 흰콩을 넣어 푹 끓인다.

2 무는 껍질을 벗기고 3~4토막을 넣어 표고버섯, 시래기와 같이 끓인다.

3 마지막에 콩나물, 미역, 피망을 넣고 5분 정도 더 끓인 후에 내용물을 건져 낸다.

4 다시 끓여 1/3이 되게 졸여서 먹을 양만큼 포장해서 보관한다.

· 마른 시래기는 푸른색보다 노란빛을 띤 것이 좋다. 햇빛에 마른 것으로 비타민 D가 형성되어 있다.

· 미역은 가공하지 않은 생미역을 구입하되 줄기가 있는 것을 고르도록 한다.

· 콩은 전체적으로 고르며 껍질이 얇고 윤기가 있는 것을 고른다.

· 피망은 꼭지가 싱싱하고 윤기 있으며 모양이 일정한 것을 고른다.

만능육수 만들기

재료(대용량)

닭뼈 600g, 소 우둔살 600g, 양파 2대, 무 200g, 고추씨 3큰술, 배 1/2개, 표고버섯 4개, 멸치 1컵, 소주 1컵

만들기

1 닭뼈는 찬물에 담갔다가 끓는 물에 삶아 건진다.

2 소 우둔살은 중간 중간 칼집을 넣어 핏물을 뺀 다음 찬물에서부터 익힌다.

3 표고버섯은 찬물에서부터 넣고 양파, 무, 고추씨를 넣는다.

4 배는 껍질을 벗기지 않고 넣으면 떫은맛이 나므로 껍질을 벗겨 사용한다.

5 멸치는 마른 팬에서 노릇하게 볶아 사용한다.

6 마지막에 소주를 넣어 육수에 녹아 있는 수용성 물질을 휘발시켜 전체적으로 맛이 어우러지게 한다.

고기육수

주로 단백질로 이루어져 담백하고 중후한 맛을 낸다.
고기육수를 넣고 조리할 때에는 오래 끓이지 않아야
재료의 맛과 육수의 맛이 적절하게 어우러진다.

수제비

필수 재료

감자 1개
애호박 1/2개
양파 1/2개
버섯 20g
청양고추 1개
대파 1/3대
다진 마늘 1큰술
국간장 2큰술
소금 약간
육수 5컵
참기름 1/2큰술
깨소금 2작은술

반죽

밀가루 2컵
물 2/3컵
소금 약간

1 밀가루는 체를 쳐서 반죽한 다음 비닐에 싸서 20분 정도 숙성시킨다.
2 감자, 애호박, 양파, 대파는 편 썬다.
3 국물이 끓기 시작하면 감자, 애호박, 버섯, 양파를 넣고, 끓으면 수제비 반죽을 떼어 넣어 익힌다.
4 양념을 넣고 그릇에 담고 참기름과 깨소금을 고명으로 올린다.

Tip

수제비 반죽은 소금물로 반죽했을 때 글루텐이 형성된다. 많이 치댈수록 쫄깃한 면발을 만들 수 있으며 국물도 맑다.

미역 고추장 옹심이

필수 재료

쌀가루 1컵
미역 20g
홍합 1컵
고추장 2큰술
깨소금 2큰술
마늘 1작은술
홍고추 1개
육수 4컵
소금 약간

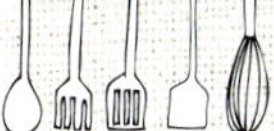

1 미역은 불린 다음 먹기 편한 크기로 자른다.

2 쌀가루는 반죽해서 새알을 만든 다음 쌀가루에 굴린다.

3 육수가 끓으면 홍합과 고추장을 넣어 끓인다.

4 새알과 미역을 넣고 새알이 떠오를 때까지 끓인다.

5 다진 마늘과 어슷 썬 홍고추를 넣고 소금으로 간을 맞춘다.

쪽파 상추 지짐

필수 재료

쪽파 200g
상추 100g
애호박 1/4개
다진 양파 3큰술
다진 파 3큰술
다진 마늘 1큰술
달걀 1개
튀김가루 1컵
육수 1/2컵
홍고추 1개
식용유 약간

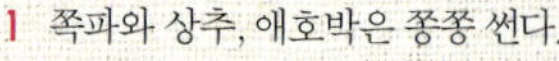

1 쪽파와 상추, 애호박은 쫑쫑 썬다.
2 채소 썬 것과 다진 양파, 홍고추, 파, 마늘에 달걀을 풀어 섞는다.
3 튀김가루를 넣으면서 육수로 반죽의 된 정도를 조절하는데 채소가 엉기는 정도만 섞는다.
4 팬이 예열되면 한 수저씩 떠 넣어 지진다.

Tip

약한 불에서 지지면 수분이 나와 삶은 맛이 난다. 센 불에서 기름을 넉넉하게 넣고 지져야 상큼한 채소 맛을 낼 수 있다.

마른 고구마줄기 지짐

필수 재료
마른 고구마줄기 2컵
부침가루 1컵

양념
생강즙 1작은술
국간장 1작은술
들기름 1큰술
다진 파 1큰술
다진 마늘 1큰술
깨소금 1큰술
소금 약간
육수 1/2컵

1 고구마줄기는 삶아 2시간 정도 묵은 맛을 우려낸다.
2 물기를 꼭 짜서 송송 썰어 양념을 넣고 바락바락 주물러서 양념이 배게 한다.
3 육수와 부침가루를 넣으면서 농도를 맞춘다.
4 팬이 예열되면 기름을 넉넉하게 두르고 지진다.

05

부추달걀탕

필수 재료

부추 50g
새우 2마리
표고버섯 1개
죽순 20g
달걀 1개
대파 1/2토막
생강 1쪽
육수 2컵
간장 1/2작은술
소금 약간
후춧가루 약간
녹말물 1큰술
참기름 약간

1 부추는 손질해서 3~4cm 크기로 썰고, 죽순은 편 썰고, 대파와 생강은 다진다.
2 표고버섯은 불려 물기를 꼭 짠 다음 밑간하고, 새우도 밑간하고, 달걀을 푼다.
3 냄비에 육수를 넣어 끓으면 새우, 죽순, 표고버섯을 넣고 끓인다.
4 간을 맞춘 다음 녹말물과 달걀물을 푼다.
5 마지막에 부추와 참기름으로 마무리한다.

홍합탕

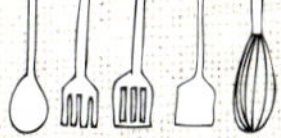

🧂🧂

필수 재료

홍합 500g
무 1/6개
홍고추 1/2개
풋고추 1/2개
육수 4컵
대파 1/2대
양파 1/4개
마늘 3쪽
간장 소량

1 홍합은 껍데기에 붙은 이물질을 없애고 깨끗이 씻는다.

2 무는 3cm×3cm×3mm로 썰고 홍고추와 풋고추는 어슷 썬다.

3 채소는 다듬어 깨끗이 씻어 소쿠리에 담아 둔다.

4 냄비에 물을 붓고 끓으면 무를 넣고 익으면 홍합을 넣는다.

5 홍합이 익어서 벌어지면 준비한 양파, 마늘을 올린다.

Tip

- 홍합은 따로 간을 하지 않아도 되지만 비린내를 없애기 위해 소량의 간장을 첨가한다.

- 무는 열을 가하면 쓴맛이 난다. 고추냉이 성분이 껍질 쪽에 많이 있으므로 열을 가하는 요리는 가급적 껍질을 벗기고 조리한다.

마늘새우조림

필수 재료

무 1/4개
마른 새우 50g
피망 1/2개
마늘 1/2컵

양념

간장 3큰술
레드와인 1큰술
고추장 2큰술
올리고당 1큰술
참기름 약간
통깨 약간
육수 2컵

1 무는 4cm×5cm×4mm로. 큼직하게 썬다. 물이 끓으면 무를 넣고 투명해질 때까지 삶는다.
2 냄비에 육수와 무를 넣고 푹 무르게 익힌다.
3 무가 익으면 양념장 반을 넣고 국물이 1/2로 줄어들 때까지 끓인다.
4 새우, 양파, 와인을 넣고 중간 불에서 조린다.
5 나머지 양념장을 넣고 한 번 더 끓인다.
6 참기름과 통깨를 넣고 마무리한다.

전병지짐

필수 재료

숙주 150g
포기김치 200g
표고버섯 2개
돼지고기 80g
메밀가루 1컵
육수 1과 1/4컵
소금 약간
식용유 적당량

돼지고기 양념

참기름 1큰술
설탕 1작은술
깨소금 1작은술
다진 파 1작은술
후춧가루 약간

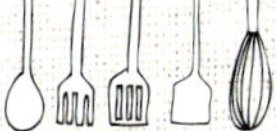

1 김치는 송송 썰어 물기를 꼭 짠 다음 수분이 없이 센 불에서 볶는다.
2 표고버섯과 돼지고기는 채 썰어 밑간을 한 다음 볶는다.
3 숙주도 센 불에서 볶는다.
4 메밀가루를 육수와 소금을 넣고 반죽한다.
5 팬이 예열되면 반죽을 1과 1/2수저를

떠 넣고 지지는데 가장자리가 들리면 뒤집어 뒷부분도 지진다.
6 식은 전병에 소를 넣고 만다.

Tip

김치는 센 불에서 볶아야 아삭하고 신맛을 없앨 수 있다. 전병은 뜨거울 때 싸면 찢어질 수 있다.

감초백김치

필수 재료

통배추 1포기(1.2kg)
무 1/4개
배 1/2개
사과 1/4개
양파 1/2개
당근 1/4개
쪽파 3~5줄기
홍고추 1개
마늘 1통
생강 1쪽
감초 2개
새우젓 1큰술
소금 약간
설탕 약간
육수 약간
요구르트 1병

1 배추는 겉절이 식으로 썰어 소금에 절이고, 무는 얇게 편 썬다.

2 배, 사과, 양파, 당근은 얇게 저미고 마늘과 생강은 다진다.

3 쪽파와 홍고추는 편 썬다. 감초는 끓여서 식힌 다음 김칫국물로 쓴다.

4 배추를 뺀 나머지 재료를 혼합해서 양념을 만든다.

5 준비한 재료를 섞고 육수와 요구르트를 붓는다.

Tip

요구르트를 넣으면 풀국을 끓이지 않아도 되며 풋내를 없앨 수 있다.

얼갈이물김치

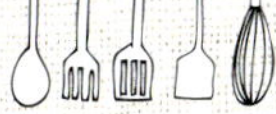

필수 재료

열무 1단(1kg)
물 1L
굵은 소금 1/1컵
오이 1개
양파 1/2개
홍고추 10개
쪽파 썬 것 1/2컵
마늘 2통
생강 1쪽
소금 1큰술

김칫국물

육수 1L
밀가루 3큰술
굵은 소금 3/4컵

1 얼갈이는 가볍게 씻어 소금을 심심하게 뿌린다.
2 풀국을 끓여 식힌다.
3 오이와 양파도 썰어 소금을 심심하게 뿌린다.
4 쪽파는 짧게 썰고 홍고추, 마늘, 생강은 다진다.
5 제시한 분량대로 김칫국물을 만든다.
6 준비한 재료와 풀국을 가볍게 섞은 다음 김칫국물을 붓는다.

Tip

풀국을 넣으면 엽록소가 파괴되면서 나는 풀냄새를 없앨 수 있으며, 풀의 탄수화물이 전체적인 맛을 아우르는 역할을 한다. 그러나 김치가 시어지는 속도는 빨라진다.

온면

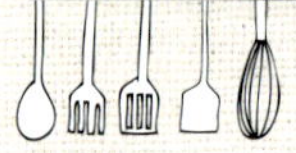

필수 재료

소면 200g
국간장 2큰술
청주 1큰술
고추 3개
달걀 1개
애호박 1/4개
팽이버섯 50g
홍고추 1개
육수 4컵

1 애호박은 채 썰어 양념을 하면서 볶는다.
2 달걀은 황백으로 분리해서 지단을 부친 다음 채 썬다.
3 소면은 삶은 다음 찬물에 비벼 씻고 체에 건져 물기를 뺀다.
4 육수에 고추와 팽이버섯을 넣고 간장으로 간을 맞추어 국수에 붓는다.
5 호박과 지단을 고명으로 올린다.

– 삶은 국수는 찬물에 바락바락 씻어서 풀기를 제거해야 쫄깃한 맛이 난다.
– 국수를 삶을 때 식용유를 넣으면 기름에 의해 글루텐이 약해져서 국수 맛이 부드러워진다.

버섯깨즙탕

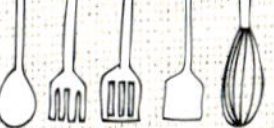

필수 재료

새송이버섯 1개
느타리버섯 20g
표고버섯 2개
팽이버섯 1/2개
떡볶이 떡 4개
들깨가루 1컵
참기름 1큰술
소금 약간
후춧가루 약간
육수 4컵
양파 1/5개
당근 1/7개
부추 썬 것 1/2컵

1 버섯 종류는 먹기 좋은 크기로 손질한다.
2 냄비에 떡볶이 떡, 버섯, 양파, 당근을 같이 넣고 참기름과 소금을 넣어 볶는다.
3 육수를 부어 끓인다.
4 들깨가루를 넣어 익힌 다음 간을 맞추고 부추를 넣어 마무리한다.

– 들깨가루를 넣은 후 오래 끓이면 느끼해지므로 단시간에 끓인다.
– 부추는 맨 마지막에 넣어 향을 돋운다.

단호박국

필수 재료
단호박 1/4개
청양고추 1개
홍고추 1개
대파 1/2뿌리
육수 2컵
시금치 1컵
된장 3큰술
고추장 1작은술

양념
다진 마늘 1큰술
고추장 1큰술
고춧가루 1큰술
소금 약간

1 단호박은 껍질을 벗긴 다음 납작 썰고 고추와 대파는 다진다.
2 시금치는 씻어서 먹기 편한 크기로 썬다.
3 냄비에 육수와 단호박 썬 것을 넣고 끓으면 시금치, 된장, 고추장을 넣는다.
4 준비된 양념을 넣고 마무리한다.

부추된장찌개

필수 재료

부추 100g
표고버섯 2장
풋고추 2개
두부 1/4모
쇠고기 50g
된장 3큰술
마늘 1작은술
생강 1쪽
참기름 1큰술
육수 3컵

1 부추는 짧게 썰고 두부는 주사위 모양으로 썰어 뜨거운 물에 담가 둔다.
2 표고버섯은 채 썰고 고추는 다진다.
3 쇠고기는 결 반대로 썰어 마늘, 생강, 참기름을 넣고 살짝 볶는다.
4 육수를 부어 끓으면 표고버섯을 넣는다.
5 된장과 두부를 넣어 끓으면 부추와 고추를 넣고 마무리한다.

- 재래식 된장이 아닐 경우 처음부터 된장을 넣으면 텁텁해진다.
- 두부는 자른 다음 끓는 물 또는 따끈한 물에 담가 두면 간수가 빠지고 끓였을 때 부서지는 것을 방지할 수 있다.

뚝배기 달걀탕

필수 재료

달걀 2개
육수 2/3컵
새우젓 1작은술
맛술 1/2작은술
송송 썬 파 1큰술
채 썬 당근 2작은술
참기름 1작은술

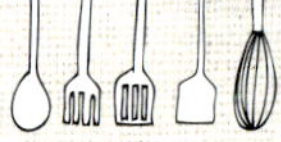

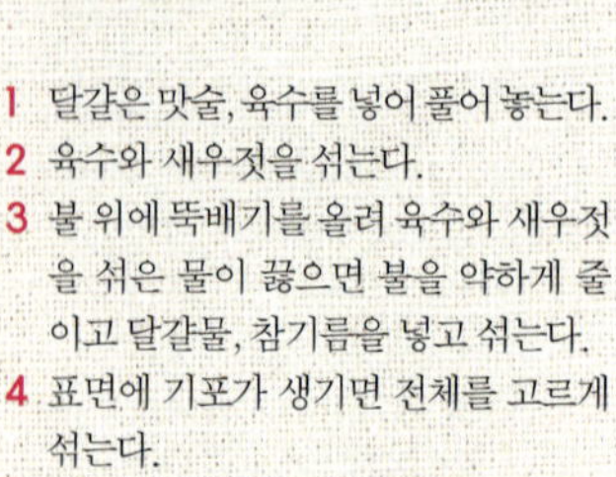

1 달걀은 맛술, 육수를 넣어 풀어 놓는다.
2 육수와 새우젓을 섞는다.
3 불 위에 뚝배기를 올려 육수와 새우젓
  을 섞은 물이 끓으면 불을 약하게 줄
  이고 달걀물, 참기름을 넣고 섞는다.
4 표면에 기포가 생기면 전체를 고르게
  섞는다.
5 채 썬 당근과 송송 썬 파를 올린다.

16

가지장아찌

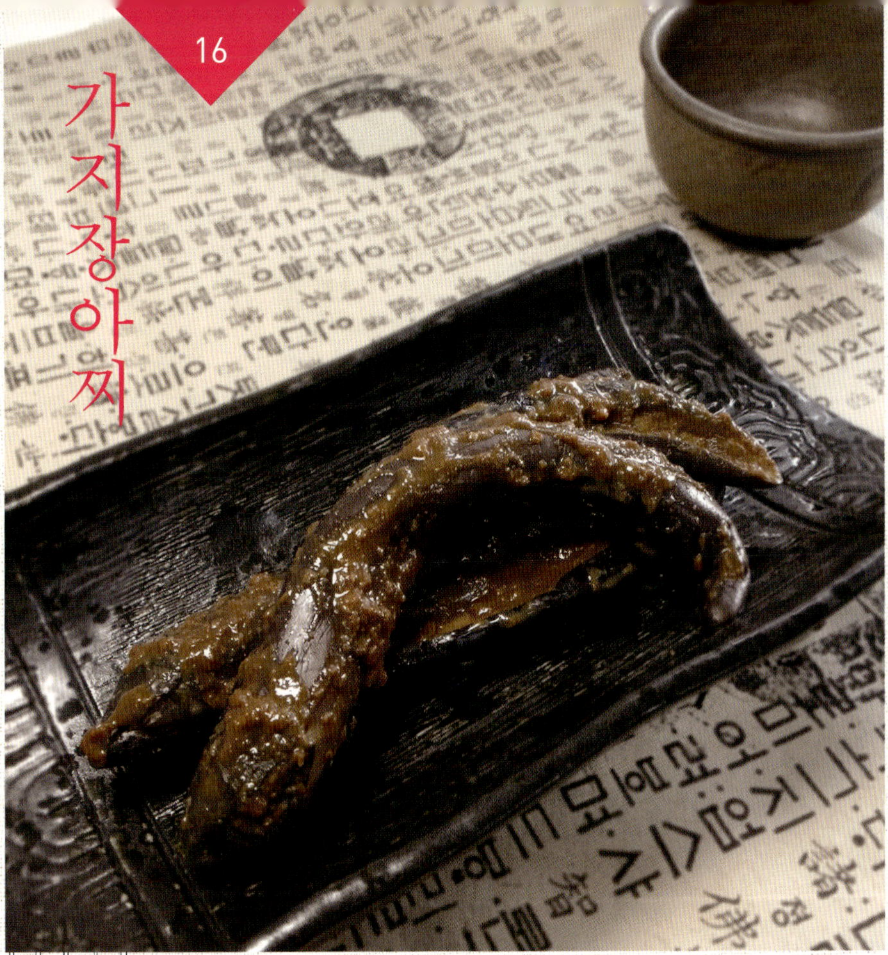

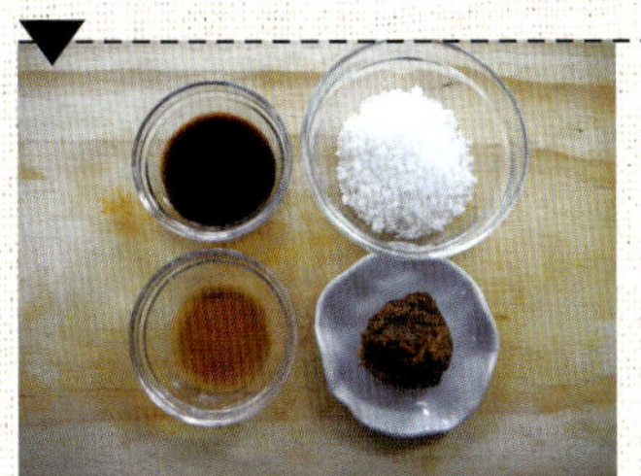

필수 재료

가지 4~5개
소금 1/2컵
물 1L
된장 2큰술
간장 2큰술
액젓 1큰술

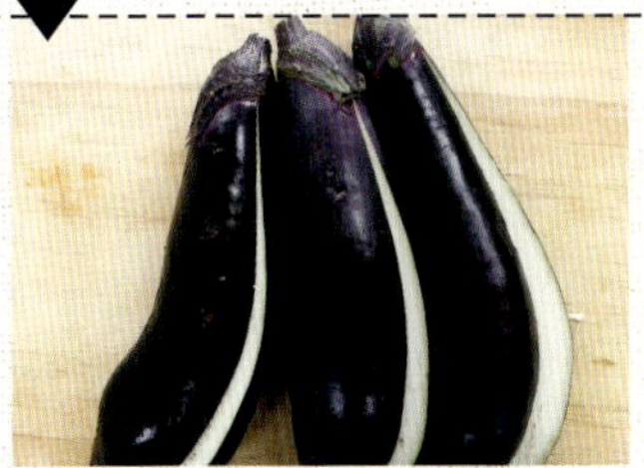

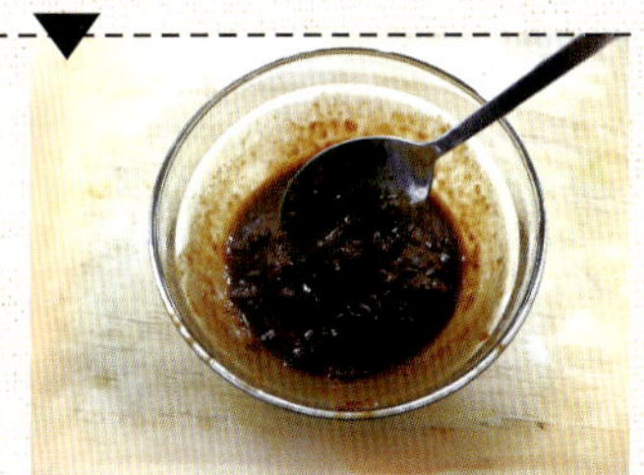

1 가지는 반으로 갈라서 항아리에 담고 뜨거운 소금물을 부어 3~4일 물 위로 뜨지 않게 눌러 놓는다.
2 절인 가지는 헹군 다음 물기를 짜서 꾸덕꾸덕한 상태가 되게 한다.
3 된장, 간장, 액젓을 섞은 다음 가지와 버무려서 용기에 담아 보관한다.

Tip

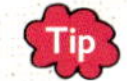

가지는 아린 맛을 없애기 위해 여러 날 소금물에 우려낸다.

우엉탕

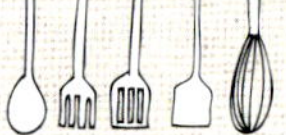

필수 재료

국산우엉 1대
(혹은 중국산우엉 1/2대)
표고버섯 2장
두부 1/4모
쪽파 3대
홍고추 1개
육수 4컵
들깨가루 1컵
들기름 약간
소금 약간

1 우엉은 손질한 다음 소면 굵기로 채
  썰어 찬물에 담가 둔다.
2 표고버섯은 불려 물기를 꼭 짠 다음
  채 썬다.
3 두부는 손가락 모양으로 썰어 뜨거운
  물에 담가 둔다.
4 냄비에 우엉과 버섯을 넣고 소금과 들
  기름으로 볶는다.
5 육수와 들깨가루를 넣어 끓으면 홍고
  추, 쪽파, 두부를 넣고 가볍게 끓인다.

우엉조림

필수 재료

우엉 400g
간장 3큰술
물엿 3큰술
참기름 1큰술
통깨 1큰술
육수 1/2컵

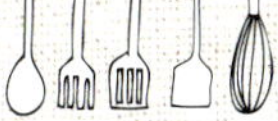

1 우엉은 손질한 다음 얇게 편 썬다.
2 식촛물에 담가 아린 맛을 없앤다.
3 팬에 참기름을 두르고 우엉을 볶는다.
4 육수를 부어서 부드럽게 익힌다.
5 물엿과 간장을 넣어 윤기 나게 조린다.
6 식힌 후 참기름과 통깨를 뿌린다.

Tip

우엉은 갈변을 막기 위해 찬물에 담가 두기도 하는데 진한 맛을 내려면 그대로 사용한다.

잡채

필수 재료

- 당면 30g
- 쇠고기 2장
- 마른 표고버섯 20g
- 목이버섯 30g
- 양파 20g
- 오이 20g
- 당근 20g
- 숙주 2큰술
- 육수 2컵
- 달걀 1개
- 간장 적당량
- 설탕 적당량
- 소금 적당량
- 식용유 2작은술
- 대파 5cm
- 다진 마늘 1/3작은술
- 깨소금 100g
- 후춧가루 1/2큰술

1 당면은 미지근한 물에 불렸다가 먹기 편한 크기로 자른 다음 간장과 육수를 넣고 간이 배게 조린다.

2 오이는 돌려 깎아 채 썰고 소금으로 간했다가 꼭 짠 다음 볶아 식힌다.

3 당근은 채 썰어 소금 간을 했다가 물기를 없애고 볶아 식힌다.

4 숙주는 거두절미하고 양파는 채 썰어 센 불에 살짝 볶아 식힌다.

5 표고버섯은 불려 채 썰고, 목이버섯은 손으로 뜯고, 고기는 채 썰어 같이 양파, 마늘 양념을 한 다음 볶는다. 달걀은 지단을 만들어 채 썬다.

6 모든 재료를 한데 넣은 다음 참기름, 설탕, 간장, 후춧가루 등을 넣고 버무린다.

떡국

필수 재료

떡국 떡 200g
쇠고기 100g
대파 1대
달걀 2개
김 2장
국간장 2큰술
육수 8컵
간장 2큰술
참기름 2작은술
설탕 1큰술
다진 파 4작은술
다진 마늘 2작은술
후춧가루 약간

1 떡국은 찬물에 가볍게 비벼 씻어 건져 놓는다.

2 쇠고기는 채를 썰어서 불고기 양념을 한 다음 볶아 고명으로 사용한다.

3 대파는 어슷 썰고 달걀은 지단을 부친다.

4 육수가 끓으면 떡을 넣어 끓인다.

5 떡이 떠오르면 국간장으로 간을 맞추고 그릇에 담는다.

6 대파, 고기 볶은 것, 지단, 김가루를 고명으로 올린다.

Tip

대파는 떡국을 끓이는 과정에 넣기도 하지만 고명으로 올리면 느끼한 맛을 줄일 수 있다.

해물육수

해물육수는 끓기 시작해서 15분 이상 끓이지 않는다.
보리쌀을 넣으면 쉽게 변질되지 않고 시원한 맛을 낼 수 있으며
말린 고추씨와 식초를 넣으면 전체적인 맛을 안정되게 한다.

쇠고기무국

필수 재료

쇠고기 100g
무 200g
부추 20g
다진 파 1큰술
다진 마늘 1/2큰술
참기름 1/2큰술
육수 3컵

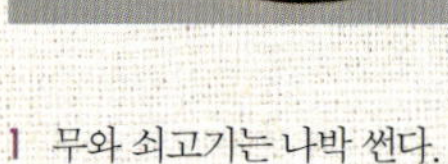

1 무와 쇠고기는 나박 썬다.
2 부추는 2~3cm 크기로 썬다.
3 냄비에 기름을 두르고 마늘을 볶아 향이 우러나게 한다.
4 쇠고기는 다진 파, 다진 마늘, 참기름으로 양념하고 무를 넣고 반쯤 익으면 쇠고기를 넣고 볶는다.
5 육수를 부어서 끓인다.

Tip

무를 먼저 볶다가 쇠고기를 볶으면 무의 뜨거운 열로 인해 쇠고기 육즙이 응고되어 국물이 지저분하지 않다.

목이버섯국

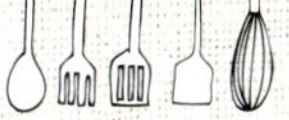

필수 재료

목이버섯 1컵
북어채 1컵
대파 1대
홍고추 1개
다진 마늘 1큰술
소금 약간
들기름 1큰술
국간장 1큰술
육수 5컵

1 목이버섯은 불렸다가 살짝 데친 다음
물기를 꼭 짠다.
2 북어채는 가시를 발라내고 이물질을
없앤다.
3 홍고추와 대파는 어슷 썬다.
4 냄비에 버섯과 북어채를 넣고 육수
1/3컵을 넣어 낮은 불에서 충분히 볶
는다.

5 육수를 부어 중간 불에서 폭폭 끓이다
가 국간장을 넣는다.
6 다 끓으면 달걀을 풀고 홍고추, 마늘,
다진 파를 넣는다.

콩죽

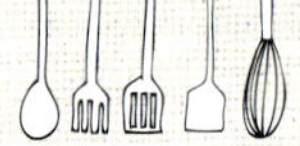

필수 재료

불린 콩 100g
기장 1/2컵
단호박 100g
육수 7컵
소금 약간

1 콩은 충분히 불린 다음 문질러 씻어
  껍질을 벗긴다.
2 거피된 콩은 믹서기에 간다.
3 단호박은 껍질을 벗기고 콩알 크기로
  썬다.
4 냄비에 기장과 단호박을 넣어 익힌다.
5 기장과 단호박이 익으면 콩 간 것을
  넣고 빠른 시간에 끓인다.

Tip

콩은 오래 끓이면 메주 냄새가 나
므로 센 불에서 빨리 끓인다.

바지락죽

필수 재료

바지락 1컵
애호박 1/4개
불린 쌀 1과 1/2컵
들기름 1큰술
육수 7컵
간장 약간

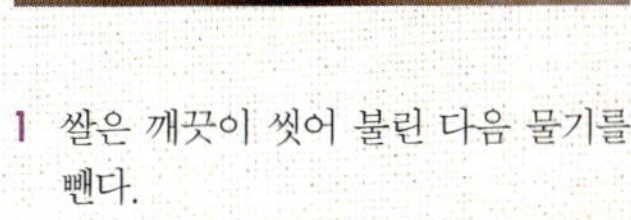

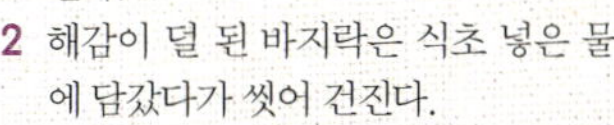

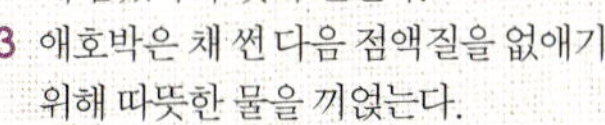

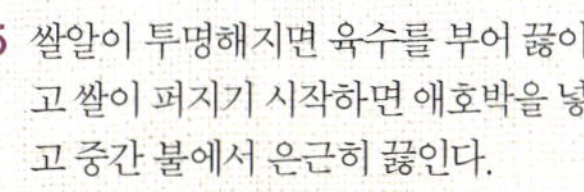

1 쌀은 깨끗이 씻어 불린 다음 물기를 뺀다.
2 해감이 덜 된 바지락은 식초 넣은 물에 담갔다가 씻어 건진다.
3 애호박은 채 썬 다음 점액질을 없애기 위해 따뜻한 물을 끼얹는다.
4 냄비에 들기름을 담고 불린 쌀과 바지락을 넣어 볶는다.

5 쌀알이 투명해지면 육수를 부어 끓이고 쌀이 퍼지기 시작하면 애호박을 넣고 중간 불에서 은근히 끓인다.
6 먹을 때 간을 한다.

쇠고기 시래기탕

필수 재료

쇠고기 200g
시래기 200g
콩나물 100g

시래기 양념

대파 1/2대
마늘 1통
간장 3큰술
고추장 1큰술
고춧가루 2큰술
들기름 2큰술
육수 5컵

쇠고기 양념

간장 2작은술
설탕 약간
다진 파 1큰술
다진 마늘 1/2큰술
참기름 1작은술

1 냄비에 기름과 다진 마늘을 먼저 볶은 후에 고춧가루와 고추장을 볶는다.

2 ①에 시래기와 간장을 넣고 바락바락 주물러 양념이 고루 배게 무친 다음 육수를 부어 끓인다.

3 쇠고기는 양념을 해서 ②가 푹 끓으면 같이 넣고 끓인다.

4 쇠고기가 익으면 콩나물을 넣는다.

5 준비된 양념을 넣고 보충간을 한다.

Tip

간혹 시래기가 덜 삶겼을 경우 뻣뻣한데 ①과 같은 방법으로 양념을 하면 시래기가 부드럽고 국물에서 깊은 맛이 우러나온다.

다진파전

필수 재료

대파 200g
새우 1컵
다진 홍고추 3큰술
부침가루 1컵
육수 2/3컵
달걀 1개
소금 약간
후춧가루 약간

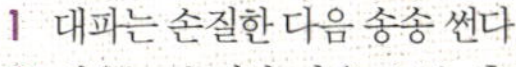

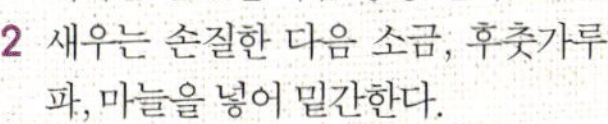

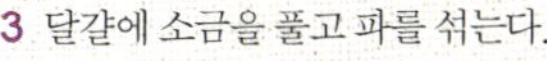

1 대파는 손질한 다음 송송 썬다.
2 새우는 손질한 다음 소금, 후춧가루, 파, 마늘을 넣어 밑간한다.
3 달걀에 소금을 풀고 파를 섞는다.
4 밀가루에 육수를 넣어 반죽을 만든다.
5 ④에 ③을 섞는다.
6 팬에 한 수저씩 떠 넣고 새우를 올려 지진다.

Tip

바삭한 파전을 만들려면 육수를 차게 해서 반죽한다. 글루텐 형성이 지연되어 부드러우면서 바삭한 전을 만들 수 있다.

채소탕

필수 재료

단호박 200g
양파 1/4개
가지 20g
목이버섯 10g
대파 1/4대
마늘 4쪽
돼지고기 30g
새우 30g
녹말가루 2큰술
참기름 1큰술
육수 3컵

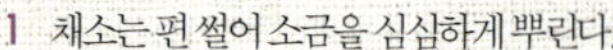

1 채소는 편 썰어 소금을 심심하게 뿌린다.
2 돼지고기는 채 썰어 밑간한다.
3 양파는 굵게 썰고 목이버섯은 뜯어 놓는다.
4 새우는 껍질을 벗긴다.
5 단호박, 가지, 양파, 목이버섯, 새우는 녹말가루에 굴린 다음 팬에 지진다.
6 팬에 파와 마늘을 볶다가 돼지고기를 넣어 볶은 다음 소금으로 간을 하고 지져 낸 채소 위에 붓고 참기름을 넣는다.
7 육수를 부어서 후루룩 끓여 낸다.

고구마줄기깨탕

필수 재료

마른 고구마줄기
100g

다진 파 1큰술

다진 마늘 1작은술

국간장 1큰술

참기름 1큰술

깨소금 1작은술

소금 약간

실고추채 약간

육수 2컵

들깨가루 1/2컵

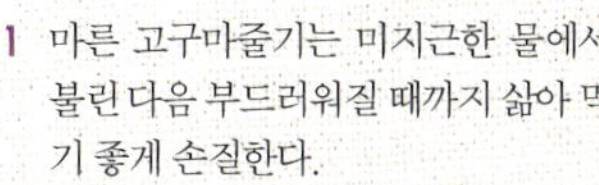

1 마른 고구마줄기는 미지근한 물에서
  불린 다음 부드러워질 때까지 삶아 먹
  기 좋게 손질한다.

2 ①을 간장과 다진 파, 다진 마늘, 참기
  름으로 양념을 한다.

3 냄비에 지글지글 볶는다.

4 육수를 부어 끓인다.

5 들깨가루를 넣고 끓이다가 준비된 양
  념을 넣고 간을 맞춘다.

묵밥

필수 재료

도토리묵 1/2모
밥 2공기
배추김치 썬 것
2/3컵
오이 1/5개
김 1장
육수 3컵
쇠고기 50g

쇠고기 양념

간장 1/2작은술
설탕 약간
다진 파 약간
다진 마늘 약간
후춧가루 약간
참기름 1/2작은술

배추김치 양념

참기름 1큰술
다진 파 1큰술
다진 마늘 1/2큰술
식초 2큰술
설탕 1과 1/2큰술

기호 양념

식초 2큰술
설탕 1과 1/2큰술
연겨자 약간
소금 약간
후춧가루 약간

1 쇠고기는 채 썰어 밑간한 다음 육수를
　넣고 끓인다.
2 묵은 채 썬다.
3 김치는 국물을 꼭 짜고 송송 썰어 양
　념으로 나물처럼 무친다.
4 오이는 채 썬다.
5 육수에 소금으로 간을 맞춘다.
6 준비된 재료를 가지런하게 담고 밥이
　잠길 정도로만 육수를 붓는다.

Tip

묵은 시간이 지나면 노화가 진행
되어 뻣뻣해지므로 끓는 물에 소
금을 넣거나 기름을 넣어 데쳐서
사용한다.

생땅콩조림

필수 재료

생땅콩 1컵
조갯살 1/2컵
육수 200ml

조림장

간장 2큰술
물엿 3큰술
다진 마늘 1/2작은술
다진 파 1작은술
참기름 1작은술
깨 1/2작은술

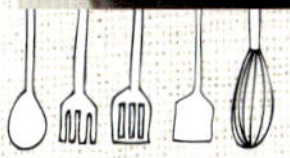

1 생땅콩은 끓는 물에 설탕을 한 숟가락
  넣고 데친다.
2 육수와 조림장을 만든다.
3 냄비에 땅콩과 조림장을 넣고 센 불에
  서 조린다.
4 마지막에 조갯살을 넣어 조린다.
5 풋고추와 마늘, 참기름을 넣는다.

Tip

조갯살을 넣고 오래 조리면 질겨
지면서 내장의 쓴맛이 우러나온다.

서리태콩비지찌개

필수 재료

- 불린 콩 1컵
- 김치 200g
- 돼지고기 50g
- 대파 1/3대
- 청양고추 1개
- 홍고추 1/2개
- 다진 마늘 1/2큰술
- 참기름 1작은술
- 소금 약간
- 후춧가루 약간
- 육수 6컵

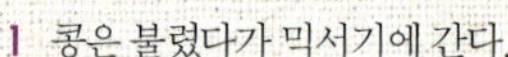

1. 콩은 불렸다가 믹서기에 간다.
2. 돼지고기와 김치는 먹기 좋은 크기로 썰어 기본양념을 한다.
3. 대파, 청양고추, 홍고추는 어슷 썬다.
4. 냄비에 양념한 돼지고기와 김치를 넣어 볶다가 육수를 부어 끓인다.
5. 돼지고기가 익으면 갈아 놓은 콩을 넣는다.
6. 끓기 시작하면 준비한 양념을 넣고 마무리한다.

통배추국

필수 재료

썬 배추 2컵
새우 30g
고추장 1큰술
고춧가루 1/2큰술
다진 파 1큰술
다진 마늘 1작은술
참기름 1큰술
국간장 2큰술
육수 4컵

1 배추는 손질을 해서 먹기 좋은 크기로
   썬다.
2 냄비에 배추와 새우를 넣고 참기름으
   로 볶는다.
3 육수에 고추장과 고춧가루를 넣고 끓
   인다.
4 육수가 끓으면 국간장과 다진 파, 다
   진 마늘을 넣는다.

– 겨울에 저장된 배추. 무, 파는 단맛이 많이 나므로 양념을 할 때 단맛을 줄인다.
– 가을 배추는 단맛이 적어 된장이 어울리나, 단맛이 많은 겨울 배추는 얼큰한 맛이
어울린다.

13

칼국수

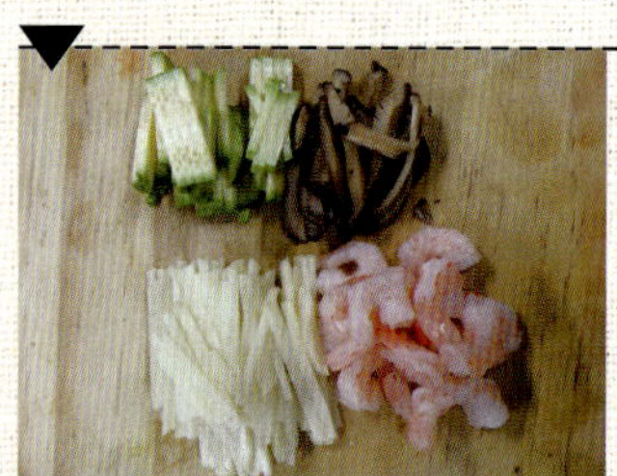

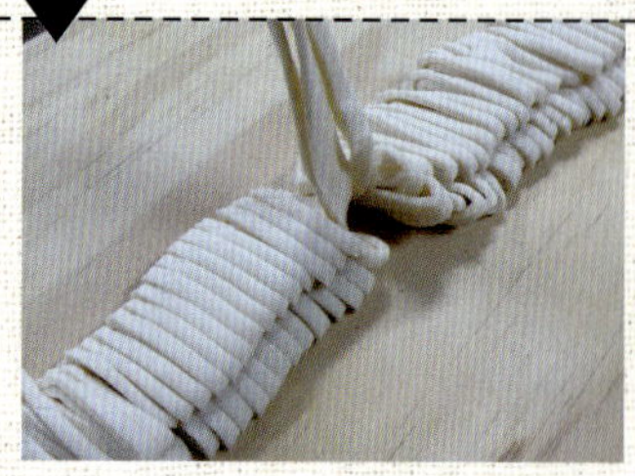

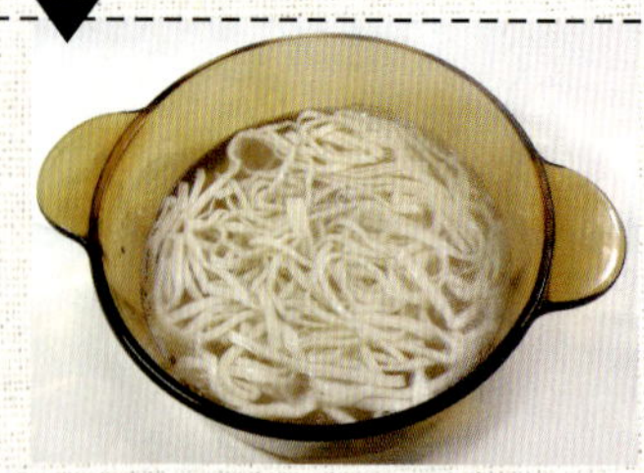

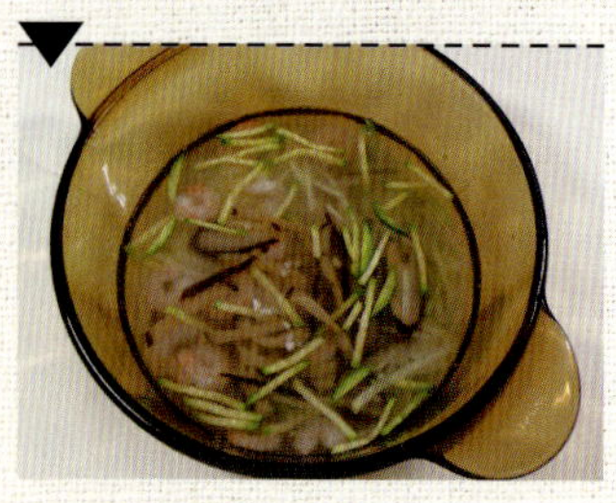

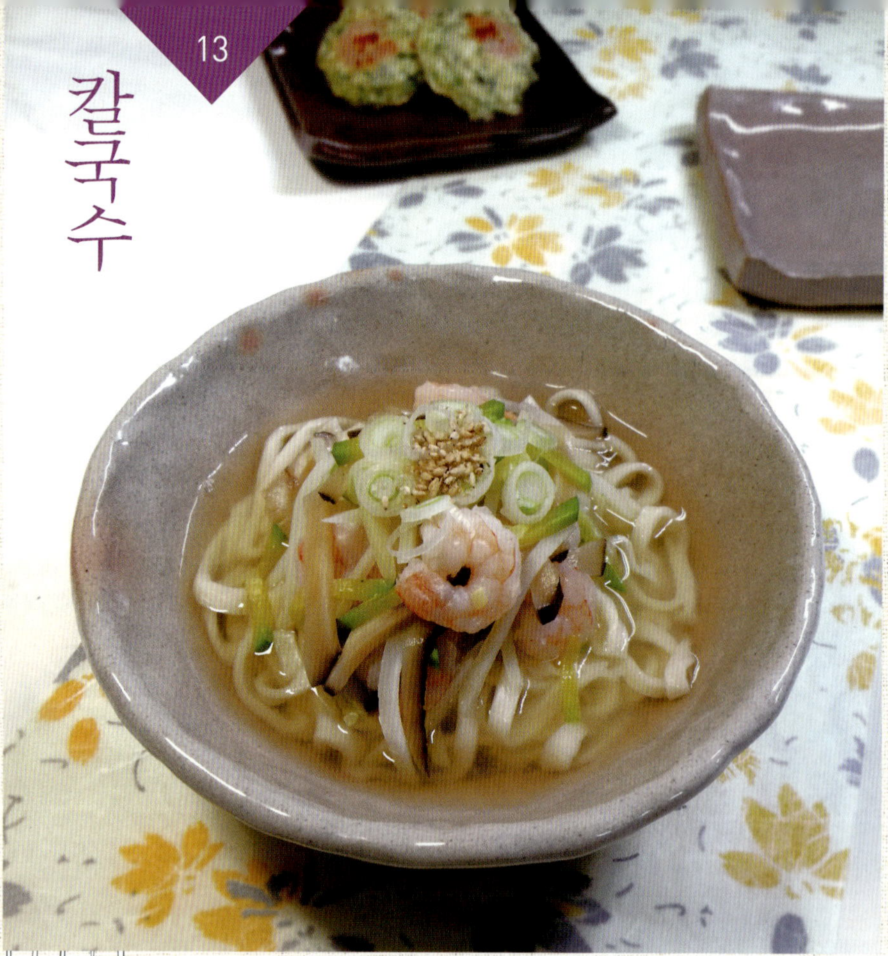

필수 재료

밀가루 1컵
육수 2컵
애호박 1/2컵
감자채 1/2컵
표고버섯 1개

양념

다진 파 3큰술
다진 마늘 1과 1/5큰술
국간장 3큰술
참기름 1큰술
깨소금 1큰술
고춧가루 1큰술
김가루 약간

1 밀가루는 반죽해서 30분간 숙성시킨다.
2 애호박, 감자, 표고버섯은 채 썰어 소금에 절였다가 꼭 짠 다음 양념을 하면서 볶는다.
3 양념장을 만든다.
4 반죽을 밀어 칼국수를 만든다.
5 물이 끓으면 칼국수를 삶아 건진 다음 그릇에 담는다.
6 육수를 끓여 간을 맞추고 ⑤에 붓고 고명을 올린다.

Tip

칼국수는 병풍접기, 즉 지그재그로 접으면 끓는 육수에 넣었을 때 서로 달라붙지 않는다. 반죽을 밀 때는 전분이나 콩가루를 사용한다.

무 부 주 나물

필수 재료

채 썬 무 3컵
마른 새우 3큰술
육수 1컵
부추 30g
홍고추 1개

양념

다진 파 2큰술
다진 마늘 1큰술
들기름 1큰술
소금 1/2큰술
깨소금 1큰술
생강 1쪽
참기름 1/2큰술
육수 1컵

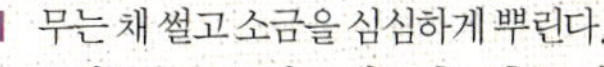

1 무는 채 썰고 소금을 심심하게 뿌린다.
2 쪽파는 3cm 크기로 썰고 홍고추는 어슷 썰고 마늘은 다진다.
3 팬에 들기름을 두르고 무채와 생강을 넣고 볶는다.
4 마른 새우와 육수를 부어 끓인다.
5 뽀얀 국물이 우러나고 자작해지면 부추와 홍고추를 넣는다.
6 식은 뒤에 깨소금과 참기름을 넣는다.

숙주탕

필수 재료

숙주 2컵
배추속대 2장
쇠고기 50g
미나리 20g
다진 파 2큰술
다진 마늘 1큰술
참기름 약간
후춧가루 약간
소금 약간
육수 2컵
녹말물 3큰술

1 숙주는 거두절미하고 배추는 어슷하게 썬다.
2 쇠고기는 채 썰어 갖은 양념을 한다.
3 냄비에 참기름, 파, 마늘을 볶다가 쇠고기를 넣고 육수를 부어 끓인 다음 불순물을 걷어 낸다.
4 배추를 넣어 익으면 숙주를 넣고 소금으로 간을 맞춘다.
5 대파와 미나리, 다진 마늘을 넣는다.
6 녹말물을 풀고 참기름을 넣어 마무리한다.

콩자반

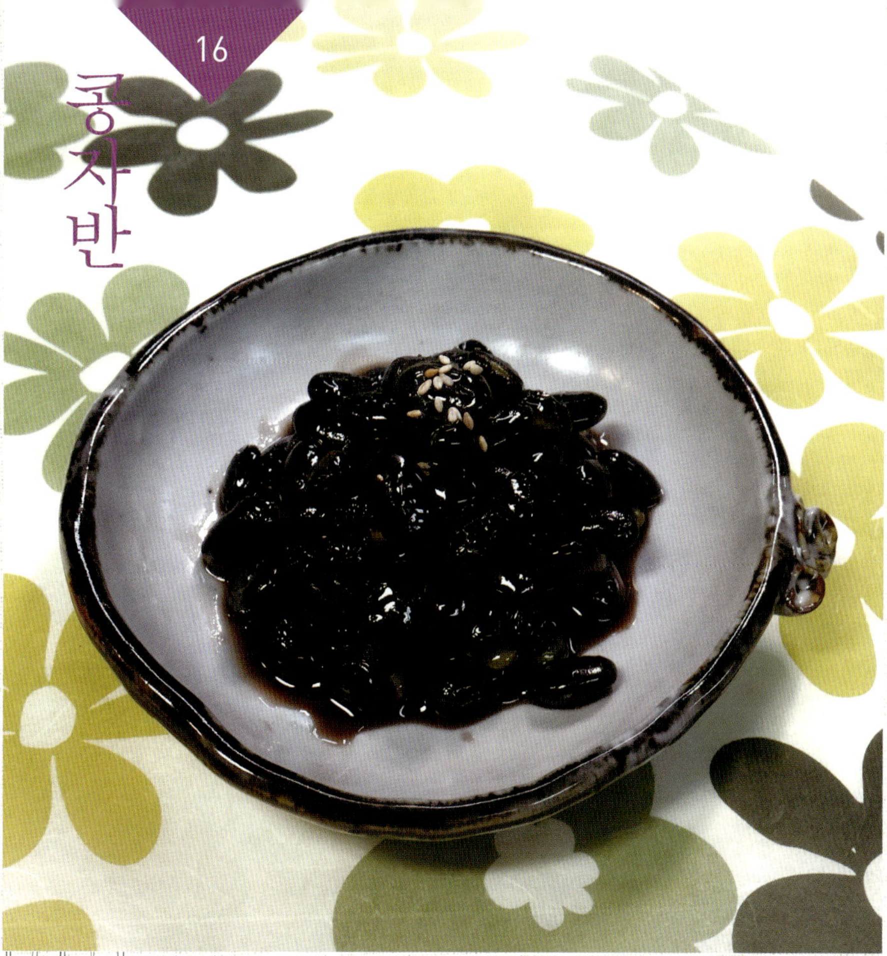

필수 재료

콩 1컵
간장 4큰술
물엿 3큰술
깨 약간
육수 3컵

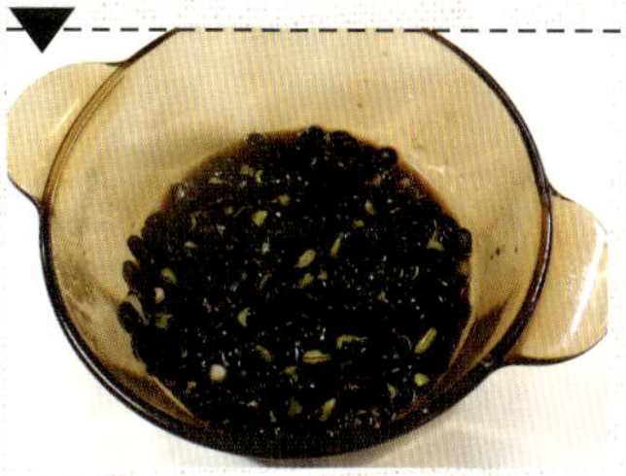

1 콩은 탱탱할 때까지 충분히 불린다.
2 냄비에 불린 콩은 물기가 있는 상태에서 비린내가 나지 않을 만큼 볶는다.
3 간장과 물엿을 넣고 볶듯이 저어 간이 배면 육수를 부어 익힌다.

– 콩자반을 만들 때에는 사포닌 성분으로 인해 거품이 많이 나며 쉽게 잘 타므로 주의해야 한다.
– 압력솥에 콩을 삶으면 익는 과정에서 껍질이 벗겨져 공기구멍을 막아 폭발의 위험이 있으므로 압력솥은 사용하지 않는다.

17

연근조림

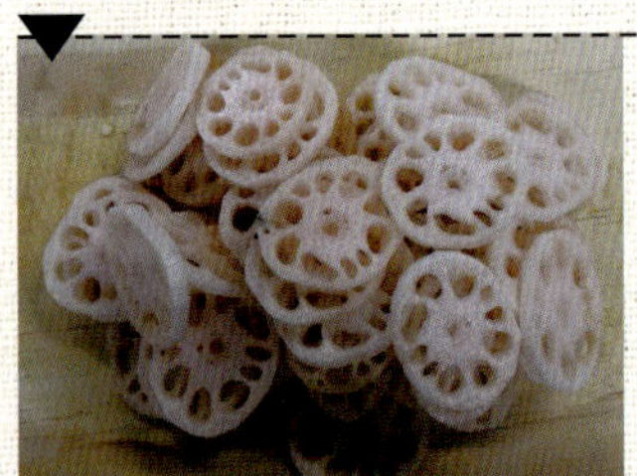

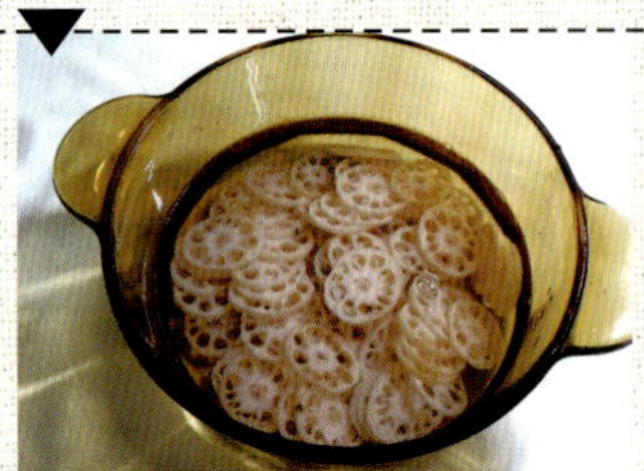

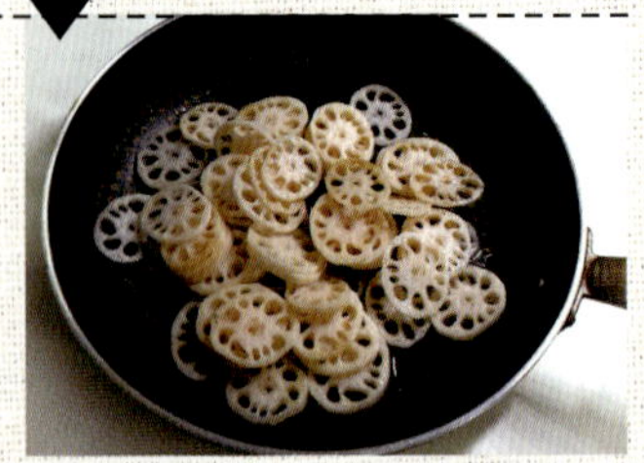

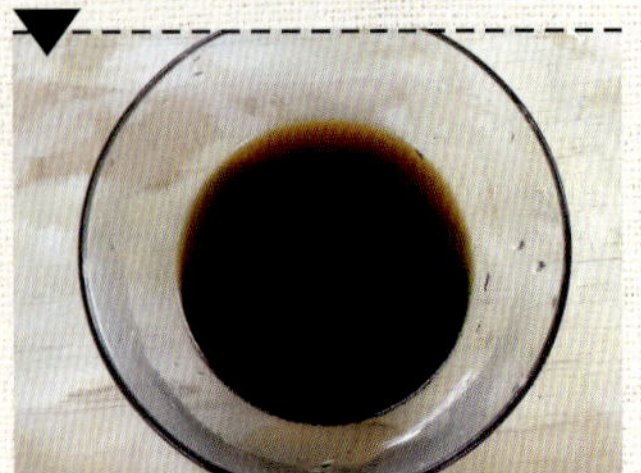

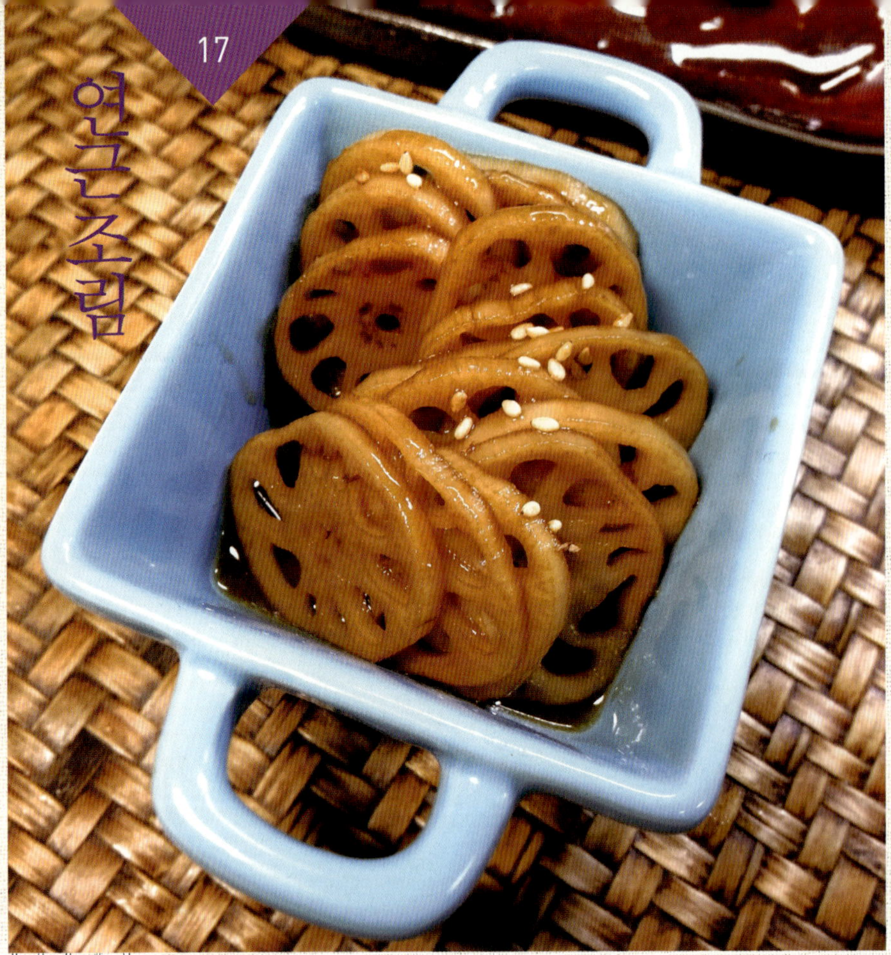

필수 재료

연근 200g
식초 약간
간장 3큰술
물엿 2큰술
설탕 2큰술
식용유 1큰술
참기름 1큰술
육수 2컵

1 연근은 껍질을 벗긴 다음 두께 4mm로 나박 썬다.
2 물이 끓으면 식초를 약간 넣고 데친 다음 찬물에 헹군다.
3 팬에 식용유를 두르고 연근을 볶는다.
4 간장과 물엿, 설탕을 넣고 조린다.
5 식은 뒤에 참기름과 통깨로 마무리한다.

Tip

연근은 처음부터 물에 넣고 조리려면 시간이 많이 걸린다. 기름을 넣고 볶으면 섬유질이 연해지므로 빠른 시간에 조릴 수 있다.

장김치

필수 재료

배추 1과 1/2포기
무 100g
미나리 20g
배 1/2개
쪽파 2개
홍고추 1개
마늘 4쪽
생강 1/4쪽
국간장 4큰술
설탕 2큰술
육수 4컵
소금 약간

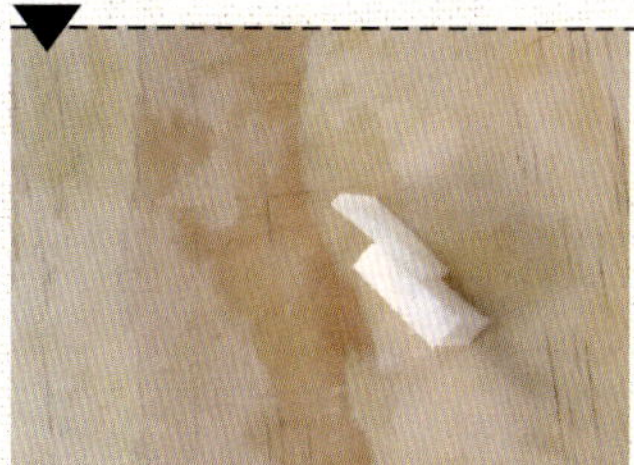

1 배추는 작게 썰어 간장에 절인다.
2 무는 2.5cm×2.5cm×3mm로 썬다.
3 배는 무의 2배 두께로 썬다.
4 미나리는 3cm, 쪽파는 2cm 크기로 썬다.
5 홍고추는 3mm로 어슷 썬다.
6 ①에 모든 재료를 섞고 육수를 부어
　간을 맞춘다.

Tip

배는 얇게 썰면 배에 먼저 간이 배
서 장김치맛이 어우러지지 않기 때
문에 두껍게 썬다.

황태미역된장국

필수 재료

불린 미역 1컵
된장 2큰술
육수 2와 1/2컵
두부 1/4모
대파 4cm
맛술 약간

1. 미역은 씻어서 건진다.
2. 황태는 1cm 크기로 썰어 준비한다. 껍질이 있을 경우 일부러 껍질을 벗기지 않는다.
3. 두부는 깍뚝 썰어 따뜻한 물에 담가 간수를 뺀다.
4. 냄비에 육수, 황태, 된장, 맛술을 넣고 끓인다.
5. 두부와 미역을 넣고 소금으로 간을 하고, 송송 썬 파를 넣고 불을 끈다.

굴국밥

필수 재료

굴 200g
밥 2공기
무 50g
두부 50g
부추 30g
대파 15cm
다진 마늘 1큰술
육수 5컵
굵은 소금 약간
새우젓 1큰술
참기름 1큰술

1 굴은 굵은 소금으로 가볍게 비벼 씻어 소금물에 헹구고 소쿠리에 담아 물기를 뺀다.
2 무는 나박 썰고 심심하게 밑간을 하고 대파는 어슷 썬다.
3 두부는 먹기 좋은 크기로 썰어 끓는 물에 담가 둔다.
4 냄비에 육수와 무를 넣고 무가 익게 끓인다.
5 굴을 넣고 익으면 새우젓으로 간을 한다.
6 부추와 두부, 대파 썬 것, 다진 마늘, 참기름을 넣는다.

Tip

굴은 씻을 때 굵은 소금을 사용하면 남아 있는 껍데기와 점액을 제거할 수 있으며 굴의 신선도는 물론 탄력을 유지할 수 있다.

채소육수

감칠맛을 내기가 가장 어려운 육수이다.
콩과 청피망으로 맛의 전체적인 균형을 잡아 준다.
가볍고 산뜻한 채소육수 맛을 내려면 뚜껑을 열고 조리한다.

메밀비빔면

필수 재료

메밀면 200g
콩나물 100g
오이 1/2개
달걀 1개

양념장

간장 5큰술
고춧가루 1큰술
설탕 2큰술
물엿 5큰술
식초 6큰술
육수 5큰술
사과 1/2개
양파 1/4개
와사비가루 2작은술

1 사과와 양파는 믹서기에 갈고 남은 양념장 재료를 부어 가볍게 섞는다.
2 콩나물은 삶아 식히고 오이는 돌려 깎아 채 썬다.
3 달걀은 삶아 찬물에 담갔다가 껍질을 벗긴다.
4 메밀면은 삶는 과정에서 물이 넘치려 할 때 두 번에 걸쳐 찬물을 조금 넣는다. 면이 익으면 건진 다음 찬물에 비벼 씻어 사리를 만든다.
5 준비한 고명을 올린다.

대추정과

필수 재료

대추 1컵
올리고당 1/2컵
꿀 2큰술
계핏가루 1/4작은술
육수 5컵
간장 1작은술

1 계핏가루는 육수에 불려 놓는다.
2 대추는 돌려 깎아 씨를 뺀다.
3 육수와 올리고당, 꿀, 간장을 넣고 먼저 끓인다.
4 대추를 넣고 중간 불에서 부풀 때까지 끓인다.
5 끓이고 식히는 과정을 2회 정도 반복한다. 마지막에 계핏가루를 넣는다.

Tip

계피는 오래 끓이면 떫은맛과 쓴맛이 우러나오므로 단시간에 조리한다.

도라지정과

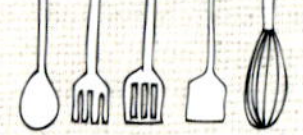

필수 재료
도라지 1kg
옛날쌀엿 1kg
육수 1kg

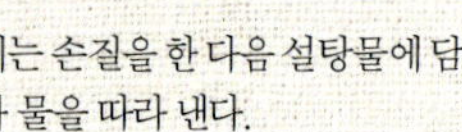

1 도라지는 손질을 한 다음 설탕물에 담
  갔다가 물을 따라 낸다.
2 찬물을 부어 삶아 물을 따라 낸다.
3 도라지, 쌀엿, 육수를 부어 낮은 불에
  서 끓였다 식히는 과정을 여러 번 반
  복한다.
4 갈색이 나면 뜨거울 때 건져 소쿠리에
  펼쳐 놓고 설탕을 뿌려서 말린다.

Tip
– 많은 양의 도라지껍질을 벗길 때
에는 끓는 물에 넣었다 빼면 손쉽
게 할 수 있다.
– 도라지는 설탕물에 담가 두었다
가 조리하면 쓴맛과 아린 맛을 줄
일 수 있다.

사과레몬조림

필수 재료

사과 2개
레몬 1/4개
올리고당 1컵
식초 3큰술
육수 3컵
소금 1/4작은술

1 사과는 6~8등분해서 씨를 뺀다.
2 냄비에 소금, 육수, 올리고당을 넣고 끓인다.
3 끓으면 사과를 넣어서 센 불에서 끓이는데 사과에서 기포가 생길 때까지 끓인다.
4 마지막에 레몬과 식초를 넣는다.
5 식은 뒤에 보관용기에 옮겨 담는다.

Tip

사과정과는 끓일 때 사과 표면에서 기포가 올라오면 완성된 것이다. 식초나 레몬을 첨가하면 사과 향이 극대화되고, 사과의 갈변도 막을 수 있다.

아욱새알탕

필수 재료

아욱 200g
쌀가루 1컵
마른 새우 20g
다진 마늘 1큰술
대파 5cm
육수 1.6L
된장 4큰술
고추장 1큰술

1 아욱은 줄기의 센 부분을 잘라 버리고 소금을 약간 넣고 바락바락 씻어 풋내를 없앤다.
2 마른 새우는 살짝 볶은 다음 이물질을 없앤다.
3 쌀가루는 소금과 육수를 넣어 반죽해서 새알을 만든 다음 마른 쌀가루에 굴린다.
4 냄비에 육수와 아욱을 끓인 다음에 새알을 넣는다.
5 고추장과 된장으로 간을 맞추면서 양념을 넣고 마무리한다.
6 새알이 떠오르면 찬물을 약간 끼얹는다. 가라앉았다가 다시 떠오르면 불을 끈다.

토마토찜

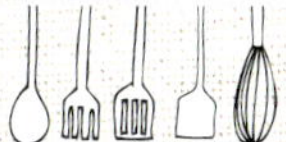

필수 재료

토마토 3개
닭가슴살 1쪽
양파 1/4개
견과류 2큰술
마늘 2쪽
소금 약간
후춧가루 약간
설탕 약간
버터 1/2큰술
육수 1컵

1 토마토는 2/3 지점을 도려내고 속을 파낸다.

2 양파는 채 썰고 마늘은 저민다.

3 닭가슴살도 얇게 저며 썬다.

4 양파, 설탕, 마늘, 파낸 토마토속과 버터를 넣고 충분히 볶은 다음 닭가슴살과 육수를 붓고 푹 끓인다.

5 익은 닭가슴살은 방망이로 두들겨서 보드랍게 펴고 견과류와 함께 버무려서 간을 맞춘다.

6 소금, 후춧가루로 간을 맞춘다.

7 모든 재료를 섞은 다음 토마토속을 채운다.

8 찜통에 넣고 7~9분 정도 찐다.

카레떡볶이

필수 재료

떡볶이 떡 400g
어묵 200g
양파 1/3개
청피망 1/2개
홍피망 1개
토마토 2개
마늘 3쪽
식용유 2큰술
카레가루 3큰술
케첩 3큰술
고춧가루 1/2큰술
흑설탕 1큰술
육수 2컵

1 떡볶이 떡은 하나씩 떼어 찬물에 담가 놓는다.
2 어묵은 한 입 먹기 좋은 크기로 썰어 끓는 물에 넣었다 건져 여분의 기름을 없앤다.
3 양파, 청피망, 홍피망, 마늘은 편으로 썬다.
4 토마토는 끓는 물에 넣었다가 꺼내서 껍질을 벗기고 듬성듬성 썬다.
5 냄비에 기름을 두르고 토마토, 마늘, 양파를 넣고 볶는다. 향이 우러나면 어묵을 넣고 볶다가 고춧가루, 흑설탕을 넣어 한 번 더 볶은 다음 육수를 붓는다.
6 떡을 넣고 반쯤 무르면 피망과 카레가루를 넣는다.

구운 채소와 생강된장소스

필수 재료

가지 1개
애호박 1/2개
감자 1개
청피망 1/2개
홍피망 1/2개
양파 1/2개
돼지고기 안심 100g
소금 약간
후춧가루 약간
올리브유 약간

생강된장소스

맛술 3큰술
다진 마늘 1큰술
생강청 2큰술
요플레 3큰술
된장 3큰술
다진 생강 1/2작은술
육수 1/2컵

1 채소는 먹기 좋은 크기로 자른다.
2 소금, 후춧가루, 올리브유를 섞은 다음 채소와 버무려서 석쇠에 굽는다.
3 돼지고기는 푹 삶아 얇게 저며 썬다.
4 소스는 분량대로 섞는다.
5 구운 채소와 삶아 썬 고기는 보기 좋게 접시에 담고 소스를 뿌린다.

– 생강청 대신 유자청이나 레몬청을 넣어도 상큼한 맛을 낸다.
– 손질한 채소에 간을 하거나 기름을 버무리는 것은 쉽지 않다. 비닐봉투에 기름, 소금, 후추 등을 넣고 흔들어 주면 고루 버무릴 수 있다.

두부탕수

필수 재료

두부 200g
찹쌀가루 1/2컵
양파 1/4개
청피망 1/4개
홍피망 1/4개
바나나 1/2개
목이버섯 2쪽
소금 약간

탕수소스

육수 1컵
식초 6큰술
설탕 5큰술
간장 2큰술
녹말물(녹말가루
1큰술+육수 3큰술)
식용유 3컵(600㎖)

1 두부는 2cm×3cm×1cm로 썰어 소금을 골고루 뿌려 밑간한 후 키친타월로 물기를 없앤다. 두부에 찹쌀가루 3큰술을 넣고 골고루 수분을 흡수하게 한다.

2 양파와 청피망, 홍피망, 바나나는 사방 2cm 크기로 썰고 목이버섯은 한 입 크기로 뜯는다.

3 냄비에 기름을 넣고 예열되면 수분을 뺀 두부를 넣고 바싹 튀긴다.

4 냄비에 육수를 넣어 끓이다가 끓으면 식초와 설탕, 간장을 넣고 한 번 더 끓인 다음 양파, 바나나, 청피망, 홍피망을 넣고 끓인다.

5 녹말물을 풀어 농도를 조절하고 완성되면 튀겨 놓은 두부 위에 붓는다.

단호박수프

필수 재료

단호박 200g
감자 50g
양파 1/3개
버터 2큰술
대파 흰 부분 20g
밀가루 2큰술
버터 1큰술
육수 3컵
생크림 2큰술
소금 2/3큰술
후춧가루 2g

1 단호박은 껍질과 속을 파내고 편 썬다.
2 감자, 양파, 대파도 껍질을 까서 편 썰고 찬물에 담가 전분과 매운맛을 없앤 다음 물기를 뺀다.
3 팬에 버터와 밀가루를 넣고 볶다가 양파, 마늘, 대파를 볶고 단호박과 감자를 넣어 충분히 볶는다.
4 육수를 2/3 정도 부어 푹 끓인 다음 믹서로 갈아 다시 냄비에 넣고 뭉근하게 끓인다.
5 버터 2큰술과 생크림을 넣고 소금과 후춧가루로 간을 맞춘다.

Tip

단호박은 푹 삶아야 믹서에 갈았을 때 부드럽고 향이 부드럽게 난다.

가지튀김과 레몬소스

필수 재료

가지 1개
다진 돼지고기 50g
밀가루 2큰술
달걀 1개
빵가루 1/2컵
튀김기름 적당량

돼지고기 양념

소금 1과 1/2작은술
다진 마늘 1/2작은술
청주 1/2작은술
후춧가루 약간

레몬소스

레몬 1/2개
설탕 1/2컵
육수 1/2컵
간장 1큰술
송송 썬 파 1큰술

1 가지는 2cm 두께로 어슷하게 써는데 두 쪽 사이에 소를 넣을 수 있게 끝은 붙게 하고 가운데에 칼집을 넣는다.
2 볼에 다진 돼지고기와 양념을 넣고 부드러워질 때까지 치대 소를 만든다.
3 가지의 칼집 낸 부분과 전체에 밀가루를 솔솔 뿌린 다음 소를 얇게 밀어 넣고 붙인다.
4 달걀물, 빵가루 순으로 굴린 다음 160℃에서 튀긴다.

레몬소스
1 설탕, 육수, 간장을 냄비에 넣고 끓인다.
2 슬라이스한 레몬, 간장, 파를 담근다.

월남쌈

필수 재료

라이스페이퍼 200g
칵테일새우 200g
땅콩 1큰술
닭가슴살 1쪽
파인애플 2쪽
숙주 200g
당근 100g
오이 1/2개
파프리카 1/2개
양상추 2잎
깻잎 10g
육수 3컵

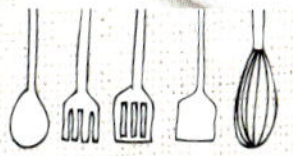

피시소스

피시소스 80ml
레몬즙 30ml
다진 홍고추 2개
다진 청양고추 2개
다진 마늘 30g
설탕 10g

땅콩소스

땅콩버터 3큰술
꿀 2큰술
피시소스 3큰술
매실액 4큰술
다진 마늘 1작은술

1 칵테일 새우는 데친다.
2 육수에 닭가슴살을 넣고 푹 삶은 다음
  건져 소금을 넣고 방망이로 두들겨서
  부드럽게 만든다.
3 채소는 먹기 좋은 크기로 썬다.
4 소스는 분량대로 계량해서 준비한다.
5 준비한 재료를 그릇에 담고 라이스페
  이퍼와 소스를 곁들인다.

- 채소를 얇게 썰면 라이스페이퍼에 싸기도 편할 뿐만 아니라 맛도 잘 어우러진다.
- 새우는 삶기 전에 등 쪽 첫마디에서 내장을 제거하고 맛술이나 소주 등을 넣어 데친다.
- 닭고기는 푹 삶은 다음 방망이로 자근자근 두들겨 펴면 섬유질을 고르고 연하게 할
  수 있다.

감자수프

필수 재료

감자 200g
양파 1/2개
후춧가루 약간
버터 1큰술
땅콩버터 1큰술
육수 2컵
생크림 1/2컵
소금 약간

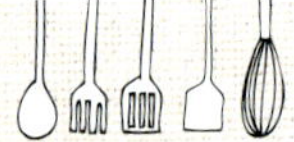

1 감자와 양파는 껍질을 벗겨 찬물에 담
  갔다가 물기를 없앤다.

2 냄비에 버터와 감자와 양파를 넣고 볶
  은 다음 육수를 부어 푹 끓인다.

3 삶은 감자를 믹서기에 갈아 냄비에 넣
  고 뭉근하게 끓으면 불을 끄고 생크
  림, 땅콩버터를 넣고 소금으로 간을
  맞춘다.

감자는 썰어서 냉수에 담가 전분
을 제거한다. 전분을 제거하지 않
을 경우 조리 과정에서 전분이
먼저 탈 수 있으며, 완성된 요리
에서도 전분으로 인해 텁텁한 맛
이 난다.

시래기죽

필수 재료

삶은 시래기 200g
불린 쌀 1컵
표고버섯 1개
청양고추 2개
대파 5cm
다진 마늘 1/3큰술
고춧가루 1/2큰술
국간장 2큰술
된장 2큰술
육수 5컵
들기름 약간

1 시래기는 푹 삶아 여러 번 우려 꼭 짠 다음에 송송 썰어 국간장, 된장, 들기름, 고춧가루를 넣고 바락바락 주물러 밑간한다.
2 쌀과 표고버섯은 불린다.
3 다진 마늘, 파, 고추는 송송 썬다.
4 냄비에 육수와 양념한 시래기를 넣고 푹 끓인다.
5 불린 쌀을 넣고 다시 푹 끓인다.
6 20분 후에 다시 한 번 끓인 다음 기호에 맞게 청양고추를 넣는다.

Tip

시래기는 양념을 넣고 바락바락 주물러야 조리했을 때 양념과 시래기가 분리되지 않는다.

부추죽

필수 재료

찹쌀 1컵
부추 40g
당근 10g
브로콜리 10g
참기름 1작은술
간장 1큰술
육수 7컵

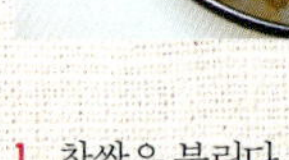

1 찹쌀은 불린다.
2 채소는 짧게 자른다.
3 냄비에 간장, 찹쌀, 브로콜리, 당근을 넣고 볶는다.
4 육수를 붓고 중간 불에서 끓인다.
5 쌀이 퍼지면 부추를 넣고 불을 끈 다음 참기름을 넣는다.

Tip

죽을 끓일 때에는 쌀을 충분히 불리고 쌀의 6~7배 되는 양의 물을 준비한다.

채소샐러드

필수 재료

상추 2잎
쑥갓 2잎
양파 1/2개
오이 1/2개
홍고추 1개
신선초 2잎
부추 썬 것 1/2컵
유부 4장
한천 20g

소스

간장 6큰술
식초 3큰술
설탕 3큰술
레몬청 2큰술
참기름 1큰술
다진 파 1큰술
다진 마늘 1/2큰술
깨소금 1큰술
육수 1/2컵

1 갓은 잎채소는 손으로 잘게 뜯고 양파, 부추, 홍고추는 채를 썰어 찬물에 담근다.
2 오이는 연필 깎듯이 돌려 깎는다.
3 한천은 미지근한 물에 담가 불린다.
4 유부는 끓는 물에 데쳐 기름기를 없앤다.
5 모든 재료를 섞어 볼에 담는다.
6 준비한 소스를 붓는다.

– 겨울철에는 채소를 씻을 때 잘 부서질 뿐만 아니라 맛도 싱겁다. 이럴 경우 여름 날씨의 물과 비슷한 온도에서 씻고 마지막 헹굴 때 찬물로 마무리하면 제철 채소 맛을 낼 수 있다.
–채소를 한꺼번에 많이 먹을 경우 속쓰림 증상이 나타날 수 있는데 우유나 두유를 첨가하면 속쓰림을 예방할 수 있다.

콩나물냉국

필수 재료

콩나물 2컵
고춧가루 2큰술
식초 4큰술
설탕 4큰술
소금 1작은술
육수 2컵
다진 파 1작은술
다진 마늘 1/2작은술

1 콩나물은 거두절미하고 살짝 데친 다음 찬물에 헹구어 차게 둔다.

2 고춧가루는 불려 고춧물을 우려낸 다음 면보에 고춧물을 짠다.

3 육수에 식초, 설탕, 소금을 넣고 끓여 식힌 다음 파, 마늘, 고춧물을 섞는다.

4 데친 콩나물을 넣고 냉장 보관했다가 시원하게 먹는다.

Tip

콩나물을 데칠 때에는 소금을 넣지 않고 뚜껑을 열고 살짝 데친다. 콩나물을 잘못 익혔을 때 나는 냄새는 콩나물 꼬리에 있는 아스파라긴산 때문이다. 열에 약하고 수용성인 아스파라긴산이 열을 받아 휘발되면서 나는 냄새이므로 처음부터 뚜껑을 열고 끓이면 냄새가 나지 않는다.

피망당면찜

필수 재료

당면 100g
쇠고기 30g
새송이버섯 1개
양파 1/5개
피망 3개
부추 20g
간장 2큰술
설탕 2/3큰술
후춧가루 약간
참기름 약간
육수 1컵
대파 5cm
마늘 2쪽

1 당면은 불렸다가 5~6cm 크기로 썬다.
2 새송이버섯, 양파는 나박 썰고 피망과 부추는 4cm 크기로 썬다.
3 쇠고기는 얇게 썰어 참기름, 설탕으로 밑간한다.
4 냄비에 육수와 간장을 넣고 끓으면 당면과 쇠고기를 넣고 조린다.
5 국물이 반쯤 줄면 준비한 채소를 섞으면서 간장, 후춧가루, 대파, 마늘 등을 넣는다.
6 부추는 맨 마지막에 넣고 뒤적거려서 잔열로 익힌다.

Tip
꼬들꼬들한 찜을 좋아한다면 조린 당면이 살짝 덜 무른 듯할 때 피망 속에 넣으면 된다.

19

고구마뚝배기찜

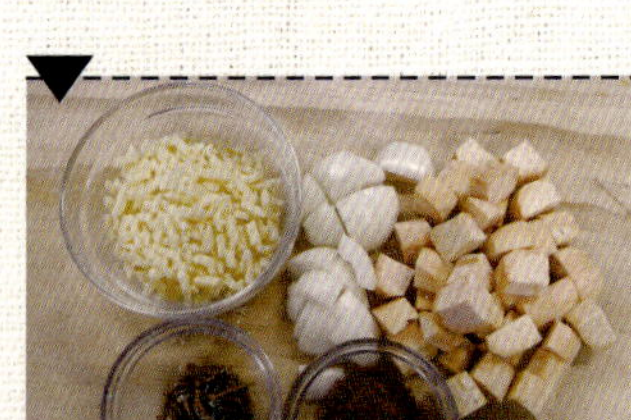

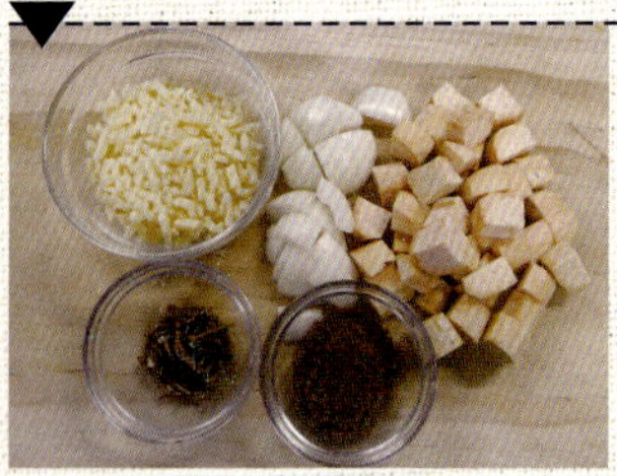

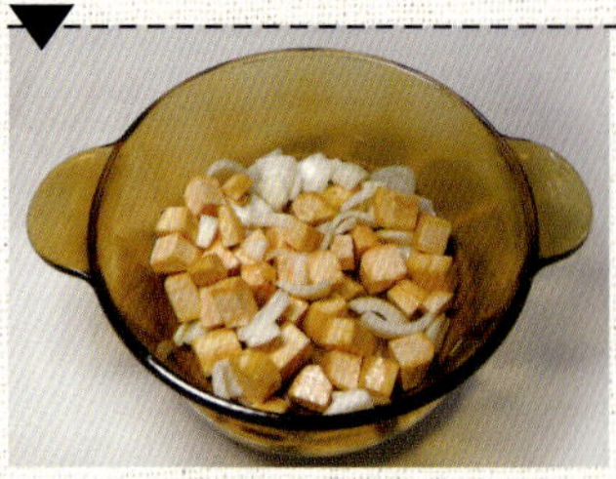

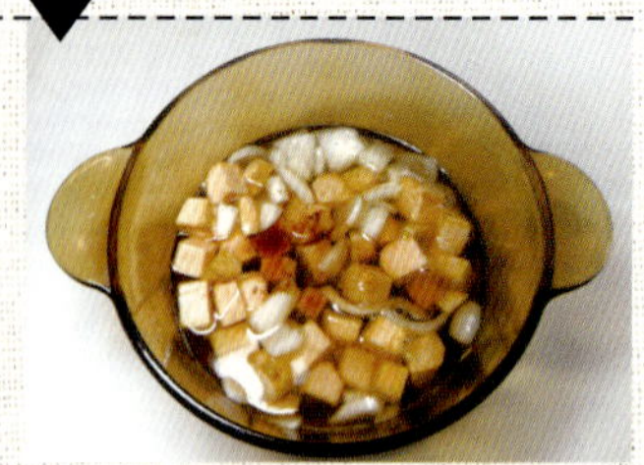

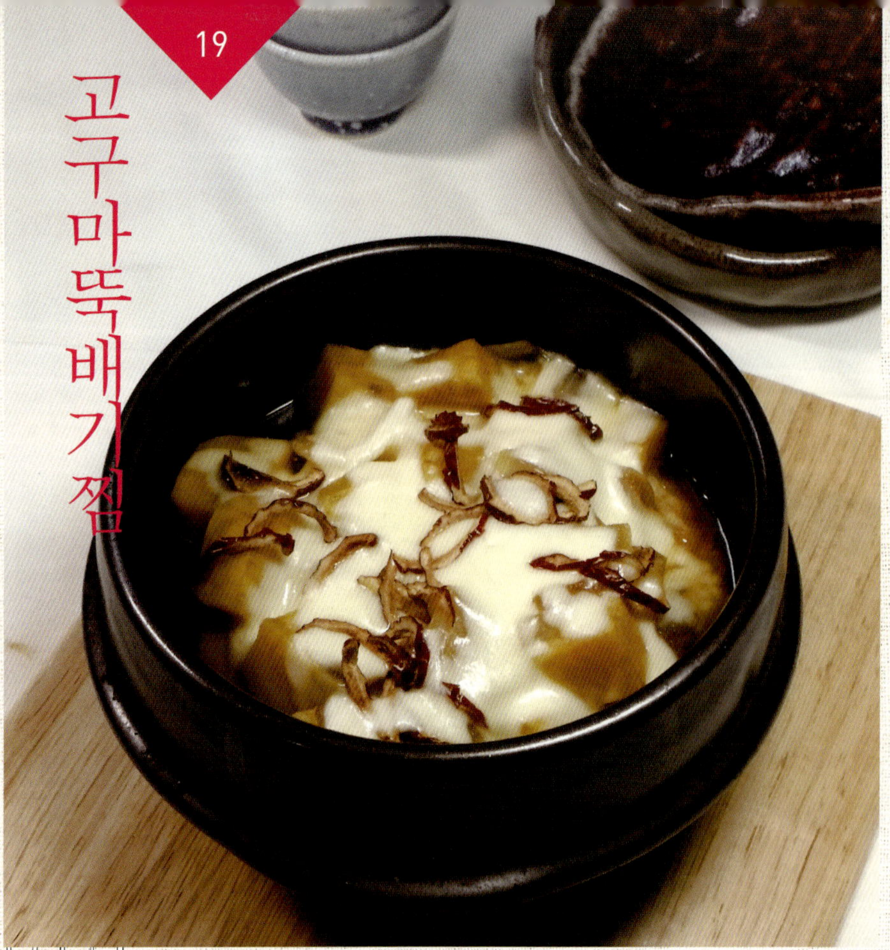

필수 재료

고구마 1개
양파 1/3개
대추 5개
흑설탕 1큰술
간장 1/2큰술
버터 2큰술
육수 1/2컵
치즈 1/3컵

1 고구마와 양파는 깍둑썰기 한다.
2 대추는 씨를 뺀 다음 채 썬다.
3 냄비에 버터를 두르고 양파를 볶은 다음 고구마를 볶는다.
4 뚝배기에 ③을 담고 육수와 간장, 흑설탕을 넣어 은근하게 조린다.
5 다 조려지면 위에 치즈와 대추채를 얹는다.
6 치즈가 녹을 때까지 가열한다.

Tip

- 고구마, 감자, 바나나 등은 나트륨 배설 작용을 돕고 배변을 용이하게 한다.
- 흑설탕은 체내의 염증을 삭혀 주는 작용을 한다.

20

얼큰떡국

필수 재료

떡국 떡 1컵
쇠고기 100g
당근 30g
양파 30g
부추 10g
대파 10g
마늘 2쪽
고춧가루 1큰술
식용유 1큰술
맛술 1작은술
후춧가루 약간
소금 약간

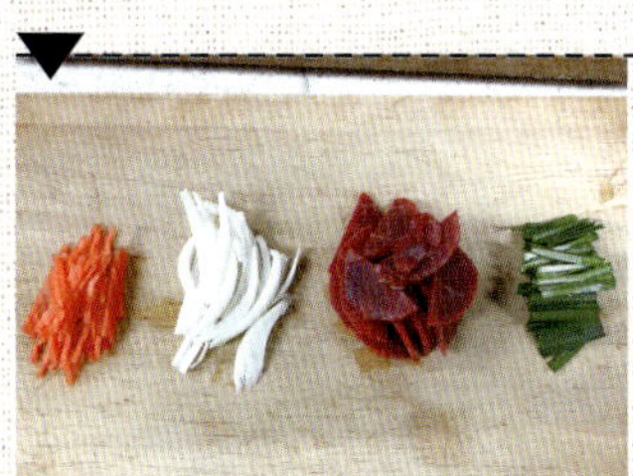

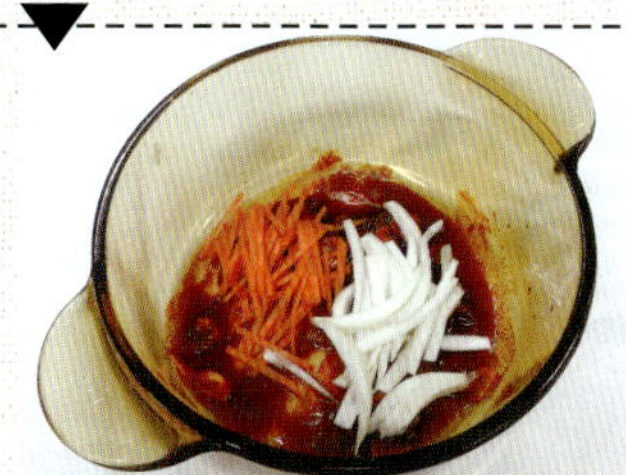

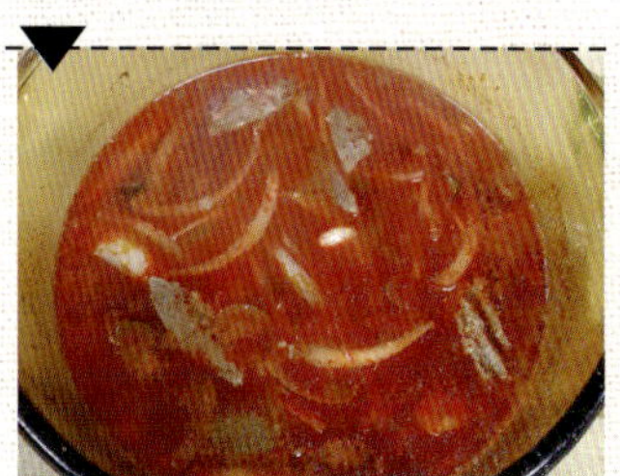

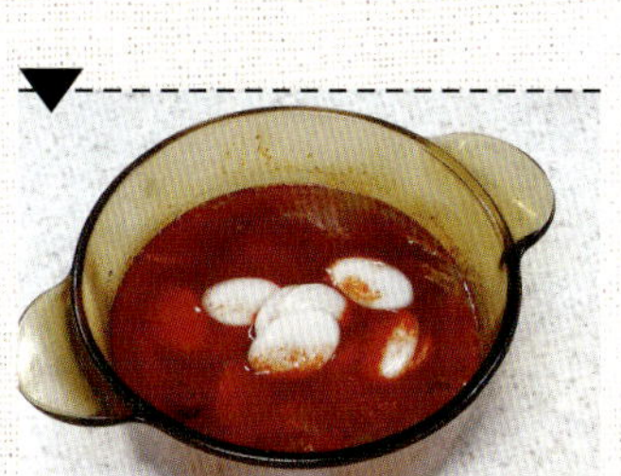

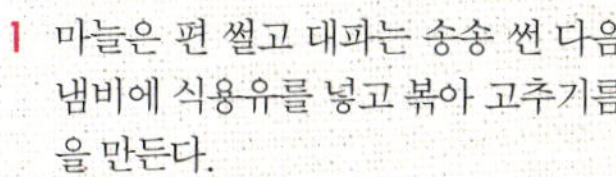

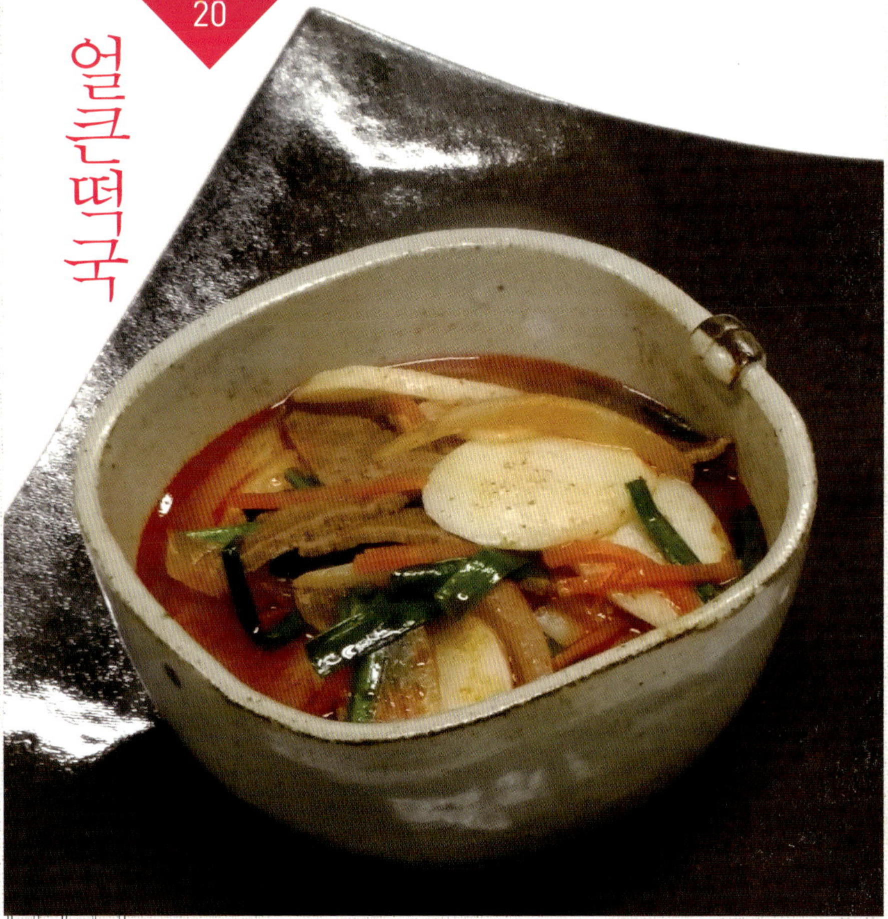

1 마늘은 편 썰고 대파는 송송 썬 다음 냄비에 식용유를 넣고 볶아 고추기름을 만든다.
2 완성된 고추기름에 채 썬 당근과 양파를 넣고 볶는다.
3 쇠고기는 편 썬 다음 맛술, 육수를 넣고 끓인다.
4 떡국 떡은 물에 담갔다가 건져 넣는다.
5 떡이 익으면 후춧가루와 참기름으로 간을 하고 부추를 올린다.

만능육수

맛내기가 가장 쉽고 무난한 육수이다.
식초를 한 방울 넣고 닭뼈와 고기를 데쳐 사용한다.
낮은 불에서 은근하게 육수를 낸 다음 바로 걸러 낸다.

새송이버섯채소조림

필수 재료

새송이버섯 3개
곤약 1봉지 200g
마늘 10쪽
청양고추 1개
대파 파란 부분 2대

양념장

설탕 4와 1/2큰술
양조간장 6큰술
육수 2컵

1 곤약은 새송이버섯과 비슷한 크기로 잘라 1분간 데쳐 물기를 뺀다.
2 냄비에 분량의 양념장과 육수를 넣고 끓인다.
3 ②에 버섯, 마늘, 곤약, 대파, 청양고추를 넣고 끓어오르면 3분 더 조리다가 센 불로 올려 국물이 자작해질 때까지 10분 정도 조린다.

버섯은 데쳐서 조리를 해야 부서지지 않으며 간이 잘 밴다. 풋고추는 오래 끓이면 색과 고추 특유의 신선한 맛이 변하므로 가급적 단시간에 조리를 한다.

시래기 고등어조림

필수 재료

시래기 200g
고등어 1마리
육수 1컵
양파 1/3개
대파 1뿌리
고추 1개
무 1/6토막

시래기 양념

된장 5큰술
고춧가루 1과 1/2큰술
다진 마늘 2작은술
설탕 1작은술
들기름 1큰술

2차 양념

국간장 1큰술
고춧가루 2큰술
올리고당 1큰술

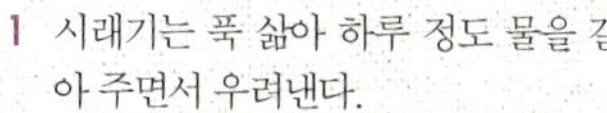

1 시래기는 푹 삶아 하루 정도 물을 갈아 주면서 우려낸다.
2 고등어는 소금물에 씻는다.
3 대파는 어슷 썰고 마늘은 다진다.
4 우려낸 시래기는 송송 썰어 양념을 넣고 바락바락 주물러서 고르게 간이 배게 하고 무는 미리 한 번 삶는다.
5 냄비에 무와 시래기를 넣고 먼저 끓인 후에 고등어를 넣고 2차 양념과 양파, 대파, 고추를 올린다.
6 생선을 올린 후에 8~10분 정도만 익힌다.

돼지고기장조림

필수 재료

돼지고기 안심 400g
꽈리고추 15개
홍고추 1개
양파 1개
마늘 6통
참기름 약간

돼지고기 데칠 때

들기름 1큰술
간장 1큰술
설탕 1큰술

양념장

간장 2/3컵
청주 4큰술
설탕 2큰술
물엿 2큰술
육수 1컵

1 돼지고기는 얇게 편 썬 다음 끓는 물에 들기름과 간장, 설탕을 넣고 데친다.
2 꽈리고추는 어슷 썰고 행궈 씨를 뺀다.
3 양념장에 마늘, 양파를 먼저 끓이다가 고기를 넣어 익힌다.
4 꽈리고추를 넣고 한소끔 끓인 후 참기름을 넣는다.

Tip

고기를 삶을 때 식용유, 간장, 설탕을 넣어 끓이면 고기의 포화지방이 빠진다. 간장은 육즙이 빠지는 것을 방지하고, 설탕은 고기를 연하게 해준다.

04

두부조림

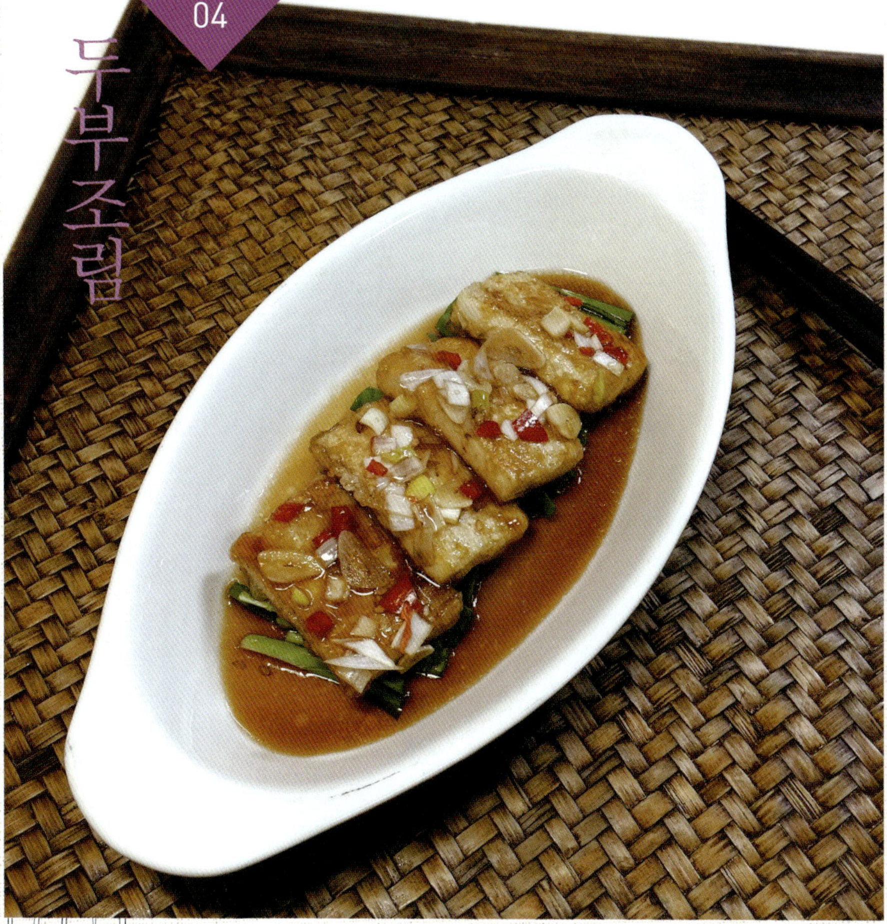

필수 재료

두부 1모
녹말가루 1컵
소금 약간
식용유 약간
양파 약간
깨 약간

양념장

간장 5큰술
고춧가루 3큰술
올리고당 2큰술
다진 파 2큰술
다진 마늘 1큰술
육수 1컵

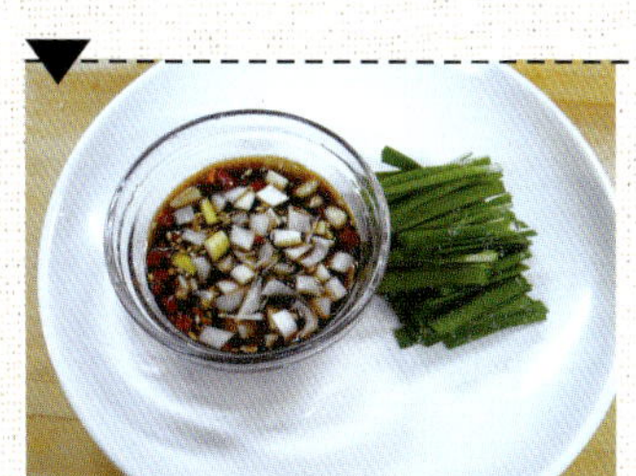

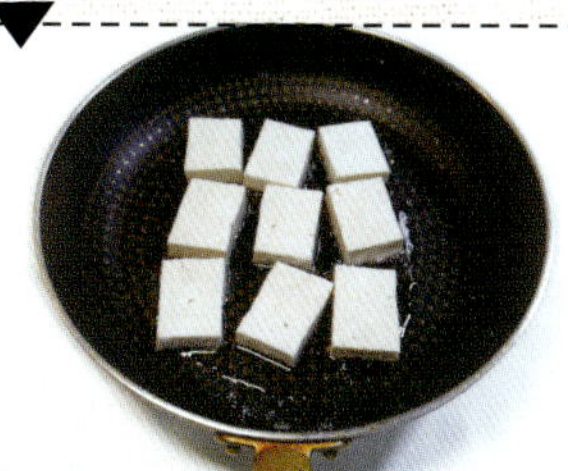

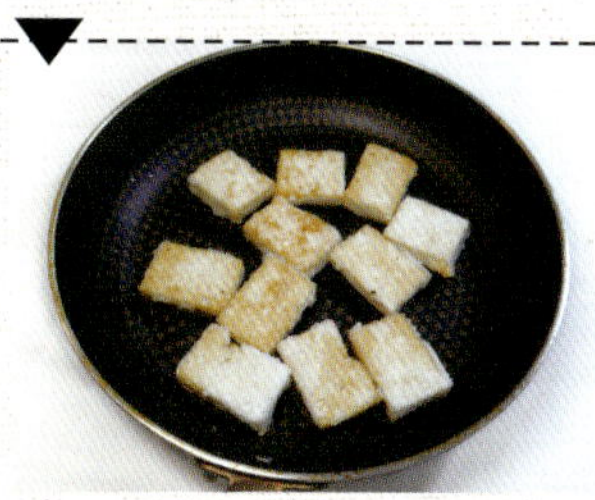

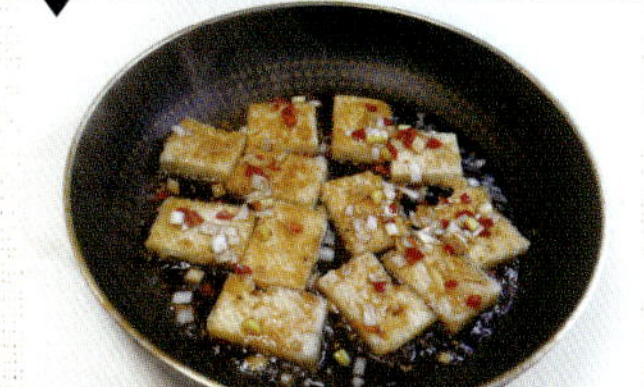

1 두부는 도톰하게 썰어 소금을 뿌린다.
2 물기를 빼고 녹말가루에 굴린다.
3 팬이 예열되면 기름을 두르고 두부를 지진다.
4 양념장을 만든다.
5 팬에 지진 두부를 넣고 양념장을 얹어 잠깐만 조린다.

쇠고기덮밥

필수 재료

밥 2공기
쇠고기 우둔살 100g
마른 표고버섯 1개
청피망 1/5개
홍피망 1/5개
육수 3컵

쇠고기 양념

참기름 1작은술
간장 2작은술
설탕 1/2작은술
다진 파 2큰술
다진 마늘 1작은술
후춧가루 약간

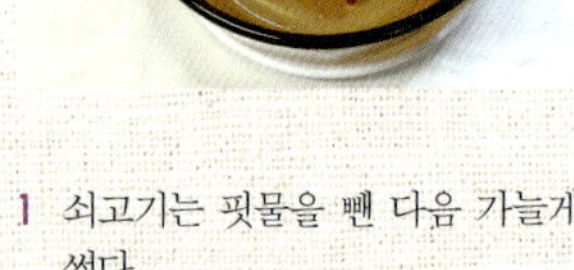

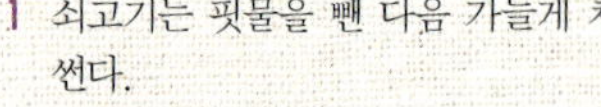

1 쇠고기는 핏물을 뺀 다음 가늘게 채 썬다.
2 표고버섯은 불렸다가 채 썬다.
3 양념을 준비한다.
4 쇠고기와 버섯을 합쳐 양념한다.
5 냄비에 넣고 센 불에서 표면이 익는 정도로 볶는다.
6 밥에 육수를 붓고 준비한 재료를 올리고 끓인 다음 마지막에 참기름으로 마무리한다.

가지고추장찌개

필수 재료

가지 1/2개
애호박 1/5개
감자 1/2개
돼지고기 50g
육수 2컵
청양고추 1개

양념장

다진 파 1큰술
다진 마늘 1/2큰술
고추장 2큰술
설탕 약간
고춧가루 1작은술
소금 약간
참기름 약간

1 가지, 애호박, 감자는 깍둑썰기 한다.
2 돼지고기는 얇게 편 썰어 약간의 고추장과 파, 마늘을 넣고 밑간한다.
3 양념장을 준비한다.
4 냄비에 육수와 고기, 감자를 넣고 먼저 끓인다.
5 고기가 익으면 채소를 넣어 익힌다.

Tip

찌개 재료로 육류를 넣을 경우 고기에 고추장과 참기름으로 밑간을 한 다음에 조리하면 누린내도 없어지고 고기가 부드러워진다.

게찌개

필수 재료

찌개용 절단게 200g

무 1/4쪽

대파 1/2대

마늘 3쪽

청양고추 2개

홍고추 1개

된장 1큰술

고춧가루 1큰술

육수 2컵

달걀 1개

1 게는 손질해서 소금물에 헹군다.
2 무는 나박 썰고 고추와 파는 어슷 썬다.
3 냄비에 육수를 넣고 끓으면 무를 넣어 익힌다.
4 게와 된장, 고춧가루를 넣어 익힌다.
5 양념과 달걀을 넣고 마무리한다.

Tip

게찌개에 달걀을 넣으면 비린내를 줄일 수 있을 뿐만 아니라 풍미를 높일 수 있다.

감자찌개

필수 재료

감자 큰 것 1개
애호박 1/2개
양파 1/2개
돼지고기 40g
다진 마늘 2큰술
대파 1/4뿌리
청양고추 2개
간장 1큰술
육수 3컵

돼지고기 양념

다진 파 약간
다진 마늘 약간
후춧가루 약간
참기름 약간

1 감자와 애호박은 나박 썰고 양파는 큼직하게 썬다.

2 돼지고기는 나박 썬다.

3 대파와 고추는 어슷 썰고, 마늘은 다진다.

4 냄비에 돼지고기와 고추, 파, 마늘을 넣고 볶는다.

5 ④에 육수를 붓는다.

6 끓으면 마지막에 파, 마늘을 넣는다.

Tip

맑은 국을 끓일 때에는 시원한 맛을 내기가 쉽지 않다. 맛이 심심하거나 느끼할 때 약간의 식초나 레몬즙을 넣으면 개운한 맛으로 바꿀 수 있다.

바지락볶음

필수 재료

바지락 400g
새송이버섯 1개
청피망 1개
홍피망 1개
마른 고추 1개
다진 파 1큰술
마늘 3쪽
다진 생강 1/4작은술
두반장 2와 1/2큰술
설탕 1큰술
참기름 2작은술
녹말물 1큰술
식용유 1큰술

1 바지락은 소금물에 해감한다.
2 새송이버섯, 피망은 바지락 크기로 썰고 마늘은 편 썰고 파는 다진다.
3 팬에 마늘, 파, 생강, 고추를 넣고 볶다가 향이 우러나면 바지락을 넣고 센 불에서 볶는다.
4 두반장, 설탕을 넣고 양념을 한다.
5 피망과 녹말물을 넣고 다시 한 번 볶아 녹말이 익으면 참기름을 넣고 마무리한다.

김치 꽁치 찌개

필수 재료

김장김치 200g
꽁치 통조림 400g

부재료

두부 200g
양파 1/4개
감자 1/5개
홍고추 1/2개

양념

대파 15cm
다진 마늘 1큰술
설탕 2/3큰술
들기름 1큰술
후춧가루 약간
청주 1큰술
고춧가루 1과 1/2큰술
육수 3컵
소금 약간

1 감자는 편 썬다.
2 꽁치는 소쿠리에 밭쳐 기름을 없앤다.
3 대파, 고추는 어슷 썬다.
4 김치는 신 국물을 쪽 짠 다음 숭숭 썰
  어 꽁치기름과 양념을 넣고 무친다.
5 냄비에 김치를 먼저 충분히 볶은 다음
  부재료와 꽁치를 넣고 끓인다.
6 맨 마지막에 마늘과 파를 넣는다.

영양밥

필수 재료

찹쌀 1컵
멥쌀 1컵
대추 3개
소금 1작은술
육수 2컵

부재료

호두 1/4컵
밤 5개
잣 1큰술
설탕 1작은술

1 찹쌀과 멥쌀을 깨끗이 씻은 후 불린다.
2 대추는 돌려 깎고 호두는 끓는 물에 설탕을 넣고 데친다.
3 밤은 속껍질까지 벗긴 다음 소금물에 담가 둔다.
4 냄비에 쌀과 소금, 육수를 넣고 부재료를 올린다.

Tip

많은 양의 밥을 지을 때에는 뜸을 들이는 과정에서 부재료를 넣고 적은 양의 밥을 지을 때에는 같이 넣고 짓는다.

12

콩나물밥

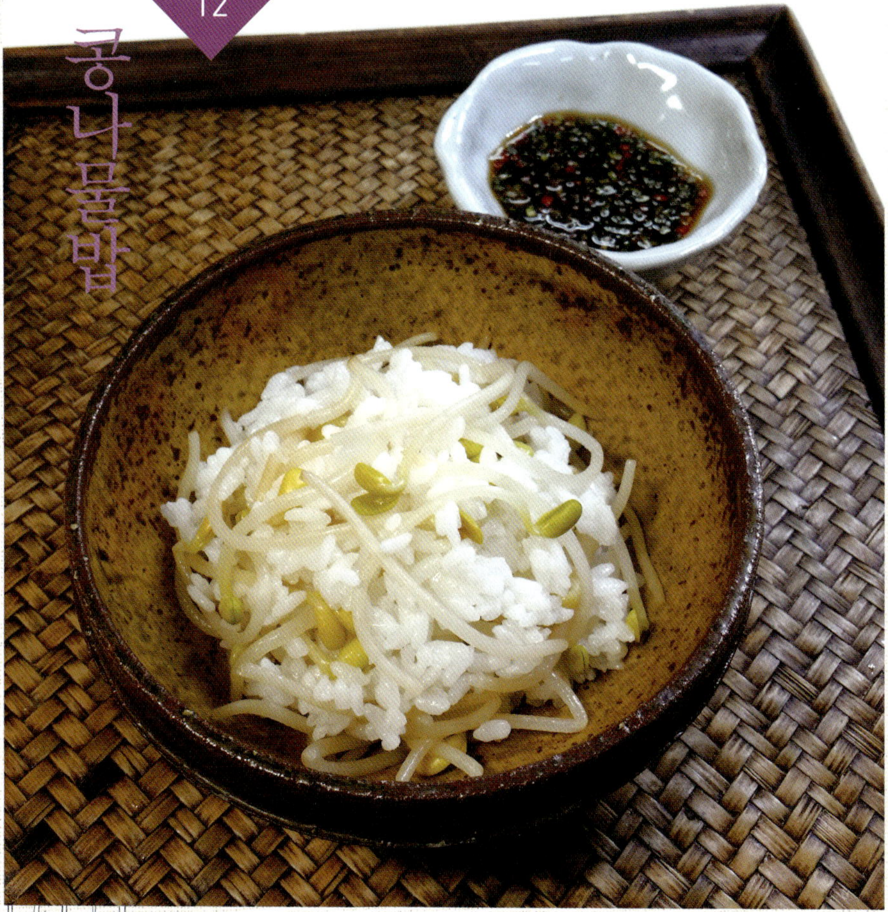

필수 재료

콩나물 100g(한 주먹)
쌀 2컵
육수 1과 1/2컵
식용유 약간
소금 약간

양념장

진간장 4큰술
청주 1작은술
참기름 2작은술
통깨 2작은술
다진 파 1큰술
다진 마늘 1작은술
다진 풋고추 1작은술
다진 홍고추 1작은술
고춧가루 1큰술

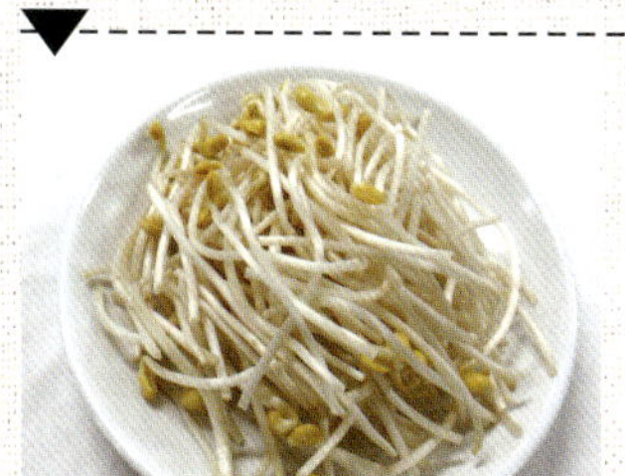

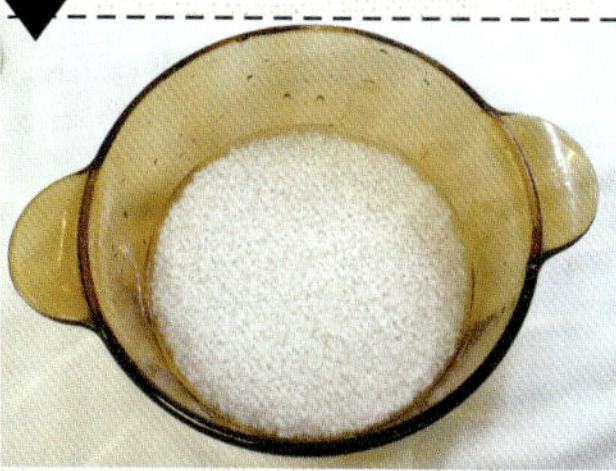

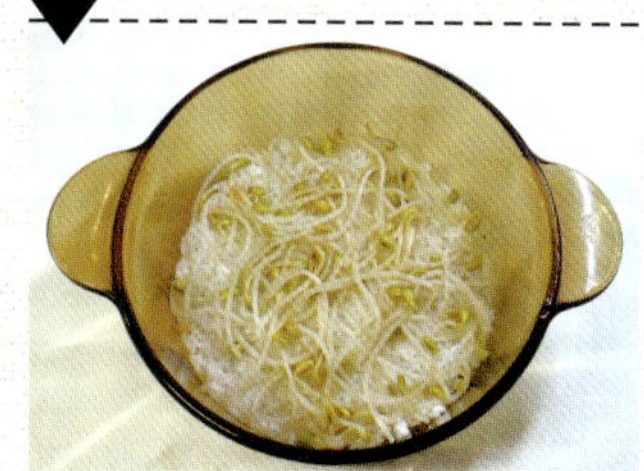

1 콩나물은 꼬리를 떼고 깨끗이 씻어 물기를 뺀다.
2 쌀은 불렸다가 물기를 뺀다.
3 콩나물은 끓는 물에 식용유를 한 방울 넣고 데친 다음 소쿠리에 건져 놓는다.
4 냄비에 불린 쌀을 넣고 식용유를 한 방울 떨어뜨려 밥을 짓는다.
5 밥을 뜸들일 때 콩나물을 얹는다.
6 양념장은 분량대로 준비한다.

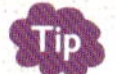

Tip

콩나물을 데칠 때 소금 대신 식용유를 한 방울 넣으면 단시간에 데칠 수 있으며, 기름 코팅으로 인해 수분이 빠지지 않아 콩나물이 아삭하고 통통하다.

감자보리밥

필수 재료

삶은 보리쌀 1컵
불린 찹쌀 1/2컵
감자 1개
들기름 1큰술
육수 1과 1/2컵

양념장

고추장 2큰술
다진 파 1큰술
다진 마늘 1/2작은술
통깨 1작은술
참기름 1큰술
육수 1큰술

1 감자는 껍질을 벗기고 깍둑썰기 한다.
2 냄비에 보리쌀과 찹쌀, 감자, 육수, 들기름을 넣고 밥을 짓는다.
3 센 불에서 끓으면 2~3분 정도 불을 껐다가 중약불로 뜸을 들인다.
4 뜨거울 때 밥을 주걱으로 뒤적거려 굳지 않게 한다.
5 양념장을 곁들여 비벼 먹는다.

Tip

– 보리쌀은 미지근한 상태로 충분히 불리거나 푹 삶아 밥을 지어야 비볐을 때 양념이 잘 밴다.
– 보리밥을 지을 때 들기름을 넣으면 보리쌀이 부드럽게 퍼진다.

표고버섯밥

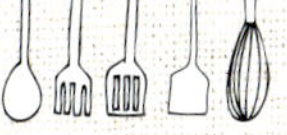

필수 재료

표고버섯 4장
쌀 2컵
육수 2컵
쇠고기 50g

양념장

진간장 5큰술
홍고추 1개
풋고추 1개
깨소금 2큰술
고춧가루 1작은술
참기름 2큰술

1 표고버섯은 미지근한 물에 불려 기둥을 떼고 굵게 채 썰어 양념한다.
2 센 불에서 쇠고기 육즙이 나오지 않게 고슬고슬하게 볶는다.
3 쌀은 30분 전에 씻어 충분히 불린 후에 소쿠리에 건진다.
4 쌀과 표고버섯을 섞어 솥에 넣고 밥을 짓는다.
5 밥물이 끓으면 중간 불로 줄여 뜸을 들인다.
6 씨를 빼고 굵게 다진 고추와 진간장, 깨소금, 고춧가루, 참기름으로 양념장을 만들어 곁들인다.

미나리밥

필수 재료

쌀 1컵

기장 1/2컵

취나물 80g

느타리버섯 20g

소금 약간

양념장

다진 양파 1큰술

다진 파 1큰술

다진 풋고추 1큰술

다진 홍고추 1큰술

된장 2큰술

고추장 1큰술

간장 1큰술

참기름 1큰술

통깨 1큰술

후춧가루 약간

육수 2큰술

1. 쌀과 기장은 씻어 불린 다음 소쿠리에 건져 물을 뺀다.
2. 미나리는 식촛물에 담갔다가 씻어 먹기 좋은 크기로 썬다.
3. 불린 쌀과 취나물, 기장을 솥에 넣고 같은 양의 물을 부어 밥을 짓는다.
4. 느타리버섯은 소금, 참기름, 후춧가루로 밑간해서 볶는다.
5. 밥 뜸을 들이기 시작할 때 미나리를 올린다.
6. 양념장을 곁들인다.

Tip

식촛물에 미나리를 담갔다가 씻으면 물비린내는 물론 달라붙어 있던 미생물들이 떨어져 나간다.

대파장아찌

필수 재료

대파 300g
무 50g
마른 고추 2개
홍고추 1개

간장물

마른 새우 1/3컵
간장 1컵
국간장 1/2컵
설탕 1/3컵
물 1/2컵
통깨 1큰술
가츠오부시 1컵
식초 1/2작은술

1 대파는 굵기가 같은 걸로 준비해서 먹기 좋은 크기로 썬다.
2 무는 얇게 편 썬다. 홍고추는 꼭지를 손질해서 준비한다.
3 간장물을 섞은 다음 무와 마른 고추, 마른 새우를 넣고 끓인다.
4 저장용기에 대파를 가지런하게 담고 간장물을 붓는다.

5 간장물에 삶은 새우는 건져 대파와 같이 담아 놓는다.
6 위로 뜨지 않게 눌러 둔다.

Tip

대파장아찌는 겨울에 담가야 맛이 좋다. 여름 대파는 매운맛이 많이 나고 겨울 저장 파는 단맛이 많기 때문이다.

게살현미죽

필수 재료

냉동게살 100g
불린 현미 1컵
땅콩 3큰술
육수 8컵
녹말물 2큰술
달걀 1개
느타리버섯 10g
참기름 1큰술
소금 약간

양념

다진 파 1큰술
다진 마늘 1/2큰술
국간장 1큰술
생강즙 1큰술
후춧가루 약간

1 게살은 녹인 다음 참기름에 버무려 살짝 볶는다.
2 느타리버섯은 삶은 다음 가늘게 찢어 참기름, 소금으로 밑간한다.
3 불린 현미는 땅콩과 함께 쌀알이 1/3 정도 되게 믹서기에 간다.
4 달걀과 녹말물을 푼 다음 섞는다.
5 냄비에 육수와 버섯, 현미를 넣고 끓인다.
6 게살을 넣고 끓으면 달걀 녹말물을 부어 농도를 조절한다.
7 준비한 양념을 넣고 마무리한다.

양배추죽

필수 재료

불린 쌀 1/2컵
육수 3컵
닭가슴살 1/3쪽
다진 양배추 1컵
유부 2장
양파 1/5개
간장 2작은술
설탕 1작은술
들기름 1큰술

1 양배추와 유부, 양파는 곱게 다진다.
2 불린 쌀은 믹서에서 거칠게 간다.
3 육수에 닭가슴살을 넣고 푹 삶아 방망이로 두들긴다.
4 냄비에 ①, ②와 간장, 설탕, 들기름을 넣고 볶는다.
5 육수와 닭고기를 넣고 끓인다.

양배추피클

필수 재료

양배추 1/2통
레몬 1개
청양고추 2개
셀러리 1/2대

단촛물

육수 4컵
소금 1/2컵
설탕 1컵
레몬식초 1컵
통후추 1작은술

1 양배추는 찢어지지 않고 잘 떨어질 수 있도록 뿌리 부분을 도려내고 끓는 소금물을 부어 한 장씩 떼어 낸다.
2 끓는 물에 소금을 넣고 양배추를 살짝 데친 다음 찬물에 헹군다.
3 레몬을 씻어 슬라이스를 하고 고추는 끝에 구멍을 뚫는다.
4 단촛물을 레몬과 함께 끓인다.
5 피클통에 재료를 넣고 단촛물이 뜨거울 때 붓는다.

Tip

양배추는 다른 채소에 비해 지용성 성분이 많이 들어 있어 잘 절여지지 않는다. 절일 때 소금을 뿌리는 것보다 소금물을 끓여서 부어 주는 편이 효과적이다.

오징어국

필수 재료

오징어 1마리
무 50g
대파 6cm
다진 마늘 1큰술
들기름 1큰술
소금 약간
육수 2컵

1 오징어는 씻어서 껍질을 벗기고 칼집을 넣은 다음 먹기 좋은 크기로 썬다.
2 무는 얇게 나박 썰어 소금에 살짝 절인다.
3 대파는 어슷 썬다.
4 냄비에 무와 들기름을 두르고 충분히 볶은 다음 육수를 부어 끓인다.
5 오징어를 데치듯이 가볍게 끓이고 파, 마늘, 소금으로 간을 한다.

우리 가족 맞춤집을 지을 때 알아야 하는 모든 것!
우리 가족 라이프스타일을 담아 꾸미는 비법!

집 : 집짓기 전 꼭 알아야 할 모든 것

**예산 짜기부터 땅 구입, 설계, 시공, 입주까지
집짓기 공정을 한 권에 모두 담았다!**

목돈 들여 집짓기를 결정한 건축주가 '00평에 2층 집으로 알아서 지어주세요.'라며 건축가에게 맡겨버리는 경우가 많다. 건축가의 입장에서 저자는 참 안타까움을 느꼈고, 이러한 경험을 여러 번 겪은 후 건축주에게 실질적 도움이 되는 책을 쓰고자 결심했다. 이 책은 집짓기의 전 공정을 다루고 있으며 공정마다 건축주가 어떤 것을 체크해야 하고 건축가에게 요구해야 하는지를 차근차근 정리해주고 있다.

김창균 지음 | 288쪽 | 15,800원

공사 없이 하는 홈인테리어

**작은 변화로 드라마틱한 공간 변신 완성!
인테리어 전문가 알려주는 홈드레싱 노하우 52**

홈드레싱(home dressing)이란 말 그대로 '집에 옷을 입히다'라는 뜻으로, 집안 구조의 큰 변경 없이 분위기를 바꾸는 것을 말한다. 마감재, 가구, 조명, 패브릭 등의 조화를 통해서 스타일링을 완성하는 작업이다. 공사가 필요 없어서 가격도 합리적이고 시간도 오래 걸리지 않는다. 이 책에서는 홈드레싱 콘셉트를 정하는 구체적인 방법부터 공간별 홈드레싱 노하우, 스타일별 홈드레싱 사례 그리고 실용적인 쇼핑이 가능한 인테리어 사이트까지 다루었다.

강은정 지음 | 232쪽 | 14,300원